数码相机工程
近景摄影测量
——案例算法及软件

李永荣 编著

U0209469

东南大学出版社
SOUTHEAST UNIVERSITY PRESS
·南京·

内容简介

本书在传统摄影测量的基础上，系统介绍了近景摄影测量理论和技术体系，同时结合诸多的工程实践丰富了近景摄影测量的应用实践，为数字近景摄影测量在工程中的应用提供了参考。全书共分四章。第一章对近景摄影测量数码相机近期的发展和数码相机的结构进行了简要阐述，同时介绍了根据工程需要，在单目相机的基础上集成研发的两套近景测量硬件设备(双目快速地物点采集相机 CK-2Eyes 和多目井下近景测量相机 CK-20Eyes)。第二章对近景摄影测量的摄影条件、原理、公式推导和误差分析等内容进行了详尽的阐述。第三章对近景摄影测量的最主要设备部件——摄影镜头的畸变差检校进行了详细介绍。第四章结合不同类型的工程案例，对近景摄影测量在工程中的深入应用做了介绍，理论联系实际，以期近景摄影测量能够应用到更多的工程中。

本书对摄影测量中一些关键环节如前方交会、后方交会、绝对定向、非量测相机畸变差检校等提供了实验数据和程序源码，可为摄影测量、测绘工程以及相关专业的一线技术同行提供参考，为应用摄影测量原理解决工程问题的程序开发人员提供依据。

图书在版编目(CIP)数据

数码相机工程近景摄影测量：案例算法及软件 / 李永荣编著. — 南京：东南大学出版社，2023.6
　　ISBN　978-7-5766-0755-0

　　Ⅰ.①数…　Ⅱ.①李…　Ⅲ.①近景摄影测量　Ⅳ.
①P234.1

中国国家版本馆 CIP 数据核字(2023)第 097684 号

数码相机工程近景摄影测量——案例算法及软件

编　　著	李永荣							
责任编辑	史　静	**责任校对**	韩小亮	**封面设计**	王　玥	**责任印制**	周荣虎	
出版发行	东南大学出版社							
社　　址	南京市四牌楼 2 号(邮编：210096　电话：025-83793330)							
经　　销	全国各地新华书店							
印　　刷	江苏凤凰数码印务有限公司							
开　　本	787 mm×1092 mm　1/16							
印　　张	12.75							
字　　数	234 千字							
版　　次	2023 年 6 月第 1 版							
印　　次	2023 年 6 月第 1 次印刷							
书　　号	ISBN　978-7-5766-0755-0							
定　　价	58.00 元							

本社图书若有印装质量问题，请直接与营销部联系，电话：025-83791830。

测绘学是一门古老的学科,又是一门善于学习的学科。世界上有了望远镜就有了水准仪测量和经纬仪测量,有了照相机就有了摄影测量,有了飞机就有了航空摄影测量,有了卫星就有了航天遥感和全球定位系统,有了计算机网络就有了现代地理信息系统。测绘学随着科学技术的发展而不断壮大,增添了新的学科分支,扩大了应用服务领域。

数码相机淘汰胶片相机的技术革命,给摄影测量界带来的不仅是打破"旧碗"的冲击,而更是欢欣鼓舞的革命。这一革命,助推了摄影测量数字化改造的又一进程,尤其开拓了工程近景摄影测量的大片耕作田园。

李永荣的这本书,开门见山,直冲数码相机所带来的近景摄影测量数字化革命主题。书中介绍了作者十几年来在此领域的辛勤耕耘实况。尤其杰出的是他所研发的多目全方位摄影测量相机和利用视频摄像机对微小地质形变的远程监测这两项创新成果,非常巧妙地利用了数码相机的技术优点,开创了过去未曾有过的工程应用。整套硬件系统构建、算法软件设计及工程测试数据,全都详列其中,献给读者。

数字近景摄影测量的发展还任重道远,再学习人工智能之技巧,更会如虎添翼,前途光芒无限。愿测绘界、图形图像学界和工程测量界同行共同努力,书写更美篇章。

2022 年 8 月 1 日

　　对于一个人来说，如果终身从事的事业就是大学所学的专业，是很幸运的。而我就是那个幸运的人，我本科是摄影测量专业，研究生是摄影测量专业，之前在生产单位从事的工作也是摄影测量，目前在科研单位同样也是从事摄影测量方面的科研工作。有那么一天，突然觉得我有必要把二十多年来学习和工作中积累的知识和实践成果整理和总结一下，于是就有了写这本书的想法。

　　信息时代的到来和智能时代的开启，加速了测绘行业的飞速发展和向更深更广领域的应用，使得测绘技术渗透到我们每天的生活当中。智能机器人、立体视觉、视频监测、电子地图、北斗卫星、GPS导航、实景三维等技术的普及和应用，使得用户基本上不需要什么专业知识就可以使用。再从生产方面来说，各种设备的智能化也让从业人员经过一些简单的培训就可以从事相关工作。但对于我们测绘专业的人来说，光会生产和使用是远远不够的，必须要做到知其然和知其所以然，进而研发出更多新产品，更好地服务社会。

　　研发出一套新产品必然要经过科研、实验室测试、工程实验和生产的过程。本书从工程需求出发，详细介绍了近景摄影测量的理论知识、公式推导、产品硬件研发、软件设计和代码编写实现、研发产品在不同工程应用中的实践内容，形成一整套的系统知识，各个环节衔接紧密。由于水平有限，作者在本书的编写过程中不乏疏漏和不足，希望读者批评指正。

　　在完成本书编写之际，非常感谢我职业生涯的导师和领路人林宗坚老师，本书的很多科研成果是在他的亲自带领和指导下完成的。在编写本书的过程中林宗坚老师提供了宝贵的意见，在此致以最诚挚的感谢。感谢亦师亦友的苏国中研究员和黄国满研究员在工作当中的大力支持，感谢课题组的刘正军研究员在项目研究方面的指导，感谢陈一铭副研究员和张赓工程师提供科研和工程帮助。感谢宋江、吕晓炜、李旭晖三位研究生协助工作。感谢陪伴我多年的北京测科空间信息技术有限公司各位同事：杨应、李佳康、马海洋、张松、贾芳、高红、刘海清、李莹、王华东等在科研过程中的诸多帮助。最后谨以此书献给一直支持我工作的妻子靳俊杰，希望她健康平安，诸事顺遂；同时献给我十六岁的可爱女儿李亦凡，希望她能够不负韶华，实现自己的人生理想。

编者

CONTENTS 目 录

第一章

近景摄影测量硬件设备及其构造特点

1.1 近景摄影测量概述

一、摄影测量的概念

摄影测量是利用光学摄影机获取的像片,经过处理以获取被摄物体的形状、大小、位置、特性及其相互关系。

摄影测量的主要任务是测制各种比例尺的地形图,建立地形数据库,为各种地理信息系统、土地信息系统以及工程应用提供空间基础数据,同时服务于非地形领域,如工业、建筑、生物、医学、考古等领域。

传统的摄影测量学是利用光学摄影机摄取像片,通过像片来研究和确定被摄物体的形状、大小、位置和相互关系的一门科学技术。它包括获取被摄物体的影像,研究单张像片或多张像片影像的处理方法(包括理论、设备和技术),以及将所测得的结果以图解形式或数字形式输出的方法和设备。其主要任务是测制各种比例尺的地形图、建立地形数据库,为地理信息系统及各种工程应用提供基础测绘数据。

长期以来,摄影测量学被视为一门几何科学。随着遥感技术的出现和不断发展,这门学科正在从几何科学向信息科学发展。在目前阶段,摄影测量与遥感学科随着现代计算机技术、图像传感器技术、空间定位、遥感和通信技术的数字化发展,已逐步形成为基于电子计算机的现代图像信息学、摄影测量、遥感和空间信息以及计算机视觉等的交叉学科。图像信息学利用各种不同类型的非接触传感器获取拍摄对象的影像,然后从影像中提取所需要的信息。

二、数码相机的技术变革

1) 第一台数码相机

1975 年,柯达生产了一台类似机床的数码相机(图 1-1),虽然只是试验品,但算是开启了数码相机时代。真正意义上的第一台数码相机是 1981 年索尼生产的 Mavica(图 1-2),该相机采用了可交换镜头设计,其传感器面积与目前的尼康 1 系统相似,约为 12 mm×10 mm,具备 570×490≈28 万像素,拥有标准变焦、中焦、长焦 3 枚镜头。

图 1-1 柯达样机   图 1-2 索尼 Mavica 相机

之后很多厂商都参照索尼的 Mavica 推出了很多试验品,如富士 DS-1P(图 1-3)、柯达 DC40(图 1-4)、苹果 QuickTake 100(图 1-5)等等。1989 年推出的富士 DS-1P 可以算是世界上首台使用闪存存储介质的相机,这一存储模式沿用至今,也成了目前相机存储信息的第一方式。当然此时的数码相机并非零售商品,绝大多数人无法购买,富士 DS-1P 相机也是同样的情况。

图 1-3 富士 DS-1P 相机   图 1-4 柯达 DC40 相机   图 1-5 苹果 QuickTake 100 相机

柯达的 DC40 算是世界上第一款成熟的商业化小型数码相机,不过时间已经来到了 1994 年。虽然像素仍然停留在 756×504≈38 万,也只有内置的 4 MB 闪存,但是使用起来可以说十分方便,而且只要 4 节 AA 电池即可供电,这款外形奇特的数码相机的价格为 699 美元,非常有吸引力。

在 1994 年还出现了一款非常特别的产品,那就是苹果公司生产的 QuickTake 100,这也是苹果公司历史上第一款数码相机,与当年其他品牌的类似产品有异曲同工之处。不过苹果公司的数码相机业务后来被取消了。

1995 年,卡西欧发布了一款数码相机 QV-10(图 1-6),它带有固定焦距和可旋转式 F2.0 镜头,焦距 60 mm(换算到 35 mm 胶片相机时的焦距)。在随后的 10 年里,可旋转镜头设计概念几乎被每一家相机制造商拷贝。卡西欧在数码相机领域里另一个突出的贡献是在 2013 年首次采用了 LCD 屏幕,该技术直到现在还被沿用。

图 1-6　卡西欧 QV-10 相机

2) 相机功能的拓展

(1) 视频功能增加

在卡西欧 QV-10 发布之后,理光发布了 RDC1。与卡西欧 QV-10 相比,理光 RDC1 的优势在于可以拍视频,这是相机历史上第一款可以拍视频的相机。

(2) CF 储存卡的使用

1996 年柯达发布了 DC25,这款相机本身没有什么特点可言,关键在于它使用了 CF 卡,至今 CF 卡还在被使用,所以说这款机器确立了相机储存卡体系。

(3) 单反相机的出现

1995 年出现了一款非常特别的单反相机尼康 E2(图 1-7),实际上这是一款尼康与富士共同开发的相机,这款相机采用了极其特别的光学补偿机构,虽然只使用了 2/3 英寸的 CCD 传感器,却没有焦距转换倍率,这种光学缩小装置也让感光度提升了不少,所以我们可以看到这系列单反相机的 ISO 都是从 800 起步(实际上只是 50)。

图 1-7　尼康 E2 相机

1998 年,佳能发布了自己的第一款单反相机 D2000(图 1-8);1999 年,尼康也发布了自己的第一款真正意义上的单反相机 D1(图 1-9)。自此佳能、尼康之争一直延续至今。

图 1-8　佳能 D2000 相机

图 1-9　尼康 D1 相机

之后几年数码相机一直在平稳发展。佳能在 2002 年发布了 1Ds,适马发布了第一款使用 X3 传感器的单反相机,尼康发布了首款 F 卡口的全画幅相机柯达 DCS Pro 14n。

3）现代数码相机新时代开启

小型数码相机时代开启,胶片时代逐渐成为过去时。2003 年尼康发布了 D2H,是世界上第一款可以以每秒 8 张的速度连续拍摄的相机,也是世界上第一款支持 Wi-Fi 的数码相机。2005 年佳能推出了一款跨时代的相机 5D。这是第一次有厂商将全画幅传感器用在准专业相机上。2007 年尼康发布了 D3,感光度高达 ISO 6400,开启了相机高感的时代。2009 年,索尼发布了 G3,这款相机内置了 Wi-Fi 以及浏览器,可以连接无线网络,被称为世界上第一款智能相机。自此相机市场迎来改革高峰,各家开始走向智能时代。

佳能 EOS R3(图 1-10)支持最高可达约 30 张/s 的高速连拍,满足了各领域专业摄影师对相机高速拍摄的需求;高速连拍时电子取景器实现了无黑屏显示,方便用户不间断掌握被摄体动态;进化的电子快门可大幅抑制果冻效应,最高快门速度达到了惊人的 1/64 000 s;CMOS 尺寸达到约 36 mm×24 mm。

图 1-10　佳能 EOS R3 相机　　　　　图 1-11　尼康 D850 相机

尼康 D850(图 1-11)是尼康于 2017 年 8 月 24 日全球同步发布的单反相机产品。尼康 D850 相机的重量约为 1 005 g(带电池和 XQD 存储卡,但不包括机身盖),机身约为 915 g;机身长度为 146 mm,宽度为 124 mm,高度为 78.5 mm;配备了可翻转触控屏,并且支持全功能触控。尼康 D850 在保持 4 500 万高像素画质输出的同时,搭载了 153 点对焦系统,并且具有带手柄 9 帧,不带手柄 7 帧的高速连拍性能,DX 格式下能够达到 30 帧连拍,具备 4K 视频和全高清五倍慢动作拍摄能力。

1.2　近景摄影测量硬件设备

一、不同类型相机结构特点

1. 单目数码相机部件及成像过程

图 1-12 描述了数码相机的基本系统结构。下面结合这一结构框图,对数码相机的

主要部件做简要介绍。

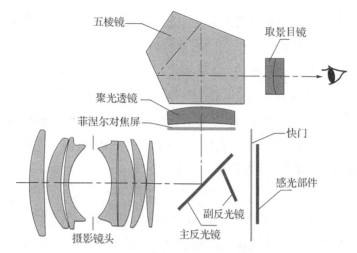

图 1-12　数码相机的基本系统结构

数码相机主要部分为：

（1）镜头：包括镜片组和镜筒以及镜头内部的驱动马达等，还包括光圈系统；

（2）机身：主要是机器框架和各种操作按钮；

（3）传感器系统：主要是 CCD；

（4）取景器：分为光学取景即相机上通过眼睛看机身背后顶端的小镜片和液晶显示器取景，单反还包括五棱镜；

（5）快门系统：主要包括快门按钮和快门卷帘；

（6）影像处理系统：主要是相机的数据转化和存储系统，涵盖硬件和软件；

（7）电源：主要是内置电池和外置电源接口等；

（8）外接设备接口：主要是各种外部接口，比如 USB、AV 端子、各种卡插槽等。

1）镜头

数码相机的镜头和普通相机的镜头一样，有变焦镜头、定焦镜头等分类，主要的参数性能指标包括焦距、视场角、相对口径、分辨率、MTF、畸变率等。两者的不同之处主要在于数码相机的成像靶面比普通相机小，因此用于该系统的镜头焦距相对 35 mm 光学相机而言通常比较短。同时，由于数码相机采用的图像传感器对不同波段光的响应曲线与人眼不同，和 35 mm 光学相机使用的化学底片的响应曲线也不相同，因此通常在镜头上镀的膜和 35 mm 光学相机镜头的镀膜也是不一致的。需要说明的是，在数码相机应用的镜头中，电子控制电路已经完全和数码相机的核心处理单元（微处理器）紧密地联系起来。

2) 图像传感器

图像传感器技术是数码相机的关键技术之一,图像传感器的分辨率被作为评价数码相机档次的重要依据。目前广泛使用的图像传感器是 CCD(Charge Coupled Device,电荷耦合元件)、Super CCD(超级 CCD)和 CMOS Image Sensor(Complementary Metal-Oxide Semiconductor Image Sensor,互补性氧化金属半导体图像传感器)。图像传感器的分辨率是数码相机的一个重要指标。为了实现彩色摄影,在数码相机系统中通常采用给图像传感器器件表面加 CFA(Color Filter Array,彩色滤镜阵列)或使用分光系统将光线分为红、绿、蓝三色,用三片图像传感器接收的方法。

3) A/D 转换器

A/D 转换器即 ADC(Analog Digital Converter,模拟数字转换器)。A/D 转换器的两个重要指标是转换速度和量化精度。由于数码相机系统中高分辨率图像的像素数量庞大,因此对转换速度要求很高。同时,量化精度取决于 A/D 转换器将每一个像素的亮度或色彩值量化为若干个等级的能力,这个等级就是数码相机的色彩深度。对于具有数字化传输接口的图像传感器(如 CMOS),则不需要 A/D 转换器。

4) MPU

数码相机要实现测光、运算、曝光、闪光控制、拍摄逻辑控制以及图像的压缩处理等操作,必须有一套完整的控制体系。数码相机通过 MPU(Microprocessor Unit,微处理器)实现对各个操作的统一协调和控制。和传统相机一样,数码相机的曝光控制可以分为手动和自动。手动曝光就是由摄影者调节光圈大小、快门速度。自动曝光方式又可以分为程序式自动曝光、光圈优先式曝光和快门优先式曝光。MPU 通过对 CCD 感光强弱程度的分析,调节光圈和快门,又可通过机械或电子控制调节曝光。一般而言,数码相机采用的微处理器模块的系统结构如图 1-13 所示,包括图像传感器数据处理 DSP、DRAM 控制器、显示控制器、JPEG 编码器、USB 接口控制器、运算处理单元、音频接口(非通用模块)和图像传感器时钟生成器等功能模块。有些时候,为了降低对微处理器处理速度的要求,有些数码相机后端处理 IC 的厂商将处理器的控制和数学处理分离开来,例如将 JPEG 压缩处理部分和其他的控制分离,以降低处理器设计的难度和成本。但不论是分离还是整体合一的处理器结构,其本质和原理上是一致的,在整个处理器及其外围相关的处理电路中,要完成控制和数据处理、交换的相应功能。

5) 存储设备

数码相机中存储器的作用是保存数字图像数据。存储器可以分为内置存储器和可移动存储器(或称外置存储器),内置存储器为半导体存储器(芯片),用于临时存储图像。

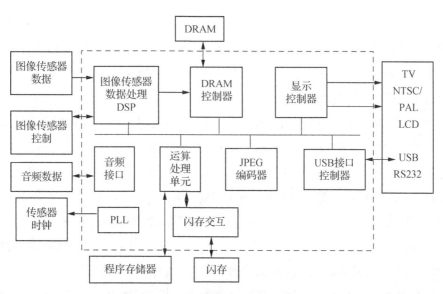

图 1-13　数码相机核心处理器框图

早期数码相机多采用内置存储器,而新近开发的数码相机更多地使用了可移动存储器。这些可移动存储器通常是 3.5 英寸软盘、PC(Personal Computer Memory Card International Association,个人计算机存储卡国际协会,简称 PCMCIA)卡、CF(Compact Flash,紧凑式闪存)卡、SM(Smart Media,智能媒体)卡、CD 盘片、Micro-driver(微驱动器)、Memory Stick(记忆棒)以及 Click 等。

6) LCD

LCD(Liquid Crystal Display,液晶显示器)从种类上讲,大致可以分为两类,即 DSTN-LCD(双扫扭曲向列液晶显示器)和 TFT-LCD(薄膜晶体管液晶显示器)。数码相机中多数采用 TFT-LCD,LCD 的作用有三个:电子取景器、图片显示和功能菜单显示。

7) 输入、输出接口

数码相机的输入、输出接口主要有图像数据存储扩展设备接口、计算机通信接口和连接电视机的视频接口。图像数据存储扩展设备接口主要用于如前所述的存储设备的数据交互。常用的计算机通信接口有串行接口、并行接口、USB 接口和 SCSI 接口。

8) 数码相机成像过程

数码相机实际上就是采用光电转换器件,将光信息转换成电信息,再加以特定处理并进行存储的电子系统。一般而言,数码相机采用光敏元件作为成像器件,将用于成像的光学信息转化为数字信号存储在内置存储器或外部扩展存储器上,通过 USB、RS232 等通用计算机接口进行数据交互,将拍摄的数字图像传输并存储在计算机中。典型的数码相机系统具有镜头、闪光灯、光学取景器、LCD 显示屏、图像数据存储扩展设备接口、图像数据传输接口、供电系统以及核心处理器等八个主要部件,有的数码相机甚至已经将数字音频合成到整个系统中来。在这些部件中,除了光学取景器以外,基本上都和数码相机的电子系统产生直接的关系。

数码相机的基本工作原理如下:当按下快门时,镜头将光线会聚到感光器件 CCD 或 CMOS 图像传感器,CCD 及 CMOS 图像传感器是半导体器件,主要功能就是把光信号转变为电信号。这样,就得到了对应于拍摄景物的电信息图像。在采用 CCD 的数码相机体系中,由于 CCD 输出的是模拟信号,因此需要使用一个 ADC 进行数字化处理。在采用 CMOS 图像传感器的数码相机体系中,由于 CMOS 图像传感器采用了数字化传输接口,因此不需要采用 ADC。然后,通过 MPU 读出 CCD 或 CMOS 图像传感器的数据信息,对数字信号进行压缩转化和相应的处理,再转换成特定的图像格式(通常为 JPEG 格式)。最后,图像以文件的形式被存储在存储器中。至此,数码相机的主要工作已经完成,拍摄者可以通过 LCD 查看拍摄到的照片。

9) 单反和数码相机的区别

一般来说,相机如果按照机型来分类,可分为单反相机、单电相机、数码相机、长焦机、卡片机等多种类型,但最通用的要数单反相机和数码相机这两个分类了。不过在普通人眼里,因为单反相机和数码相机的外形十分相似,所以大多数人很难分清它们之间的差别。下面就将分别详细介绍这两个相机的各自特点。

单反相机的全称是单镜头反光式取景照相机,指那些利用单镜头反光取景的相机产品。它的原理是将反射光线反射到对焦屏中并通过接目镜和五棱镜结影,然后通过凸透镜反射,最后成像于取景框中。

数码相机是一种把光学影像通过电子传感器转换成电子数据的相机产品,具有影像信息转换、运输、存储等功能。

单反相机和数码相机的区别如下:

(1) 结构不同:单反相机和数码相机采用的是两个完全不同的系统结构。单反相机采用了传统的构造,可从取景器内看到等效于胶片上曝光的图像;而数码相机则是采用了新型的 CCD 感光模式,可在 LCD 上直接看到拍摄的图像,像差问题更小。

(2) 快门数值不同:一般情况下,单反相机快门的最快速度为 1/10 000 s 左右,而数码相机则为 1/1 000 s 左右。可见,单反相机的快门速度是远超于数码相机的,当我们在恶劣天气里进行外景拍摄时,快门速度更快的单反相机是更优的选择。

(3) 镜头不同:单反相机能支持多种配套镜头的更换,能最大限度地进行不同角度的切换拍摄;而数码相机只支持单一的镜头更换,拍摄角度也更窄,更适合静态风景的拍摄。

(4)感光材料的面积不同:单反相机中全片幅的 2/3 都为感光材料,甚至在一些高端品牌中单反相机的感光材料能达到全片幅;而数码相机的感光材料则比较少,一般只有全片幅的 1/3 为感光部分。

单从拍照质量上来看,单反相机和数码相机很难分出谁优谁劣的,因为每个人的拍照风格和拍照习惯都不同,所以只能从个人体验上来看,看自己更适合把控哪种拍照相机。并且随着相机技术的不断发展,很多相机的性能也得到了很大提升,拍摄者也越来越多地倚重于相机技术的变革。

2. 双目相机

市场上常见的双目立体相机包括 Stereolabs 推出的 ZED Stereo 2K Camera,Point Grey 公司推出的 Bumblebee BBX3、e-Con Systems Tara Stereo Camera 双目深度相机,以及美国卡内基机器人公司推出的 Carnegie Robotics® MultiSense™ S7,如图 1-14 所示。为了更加深入地研究双目立体视觉,同时验证在不同基线和镜头焦距情况下双目立体相机的成像效果和测量精度,本节将介绍自主设计构建的一套双目立体相机。

图 1-14 几种常用双目相机

1)基于机器人目标识别和定位的双目相机

ZED Stereo 2K Camera 相机能够以 60 fps 的帧率输出 1 280×720(单位:px)分辨率的彩色图像,较好地兼顾了输出分辨率和帧率,可以以较高的分辨率高速采集彩色图像。该款相机采用的是广角镜头,因此视场角可以达到水平视场角 90°,竖直视场角 60°,对角线视场角 110°。此外,它采用了 USB3.0 接口,基线为固定的 120 mm。

Bumblebee BBX3 相机的最大分辨率可以达到 1 280×960(单位:px),但采集帧率只有 16 fps,帧速较低;采用 6 mm 镜头,对较远距离的成像精度更高;水平视场角只有 43°。相机基线长度方面,采用独特的三相机设计,可以选择三个相机中的两个进行成像,因此 Bumblebee BBX3 相机的基线可以在 120 mm 和 240 mm 之间切换。

Carnegie Robotics® MultiSense™ S7 立体相机的图像采集帧率虽然可以达到 7.5 fps,但是它只能输出黑白图像且分辨率只有 2 048×1 088(单位:px);水平视场角为 80°,竖直视场角为 45°;物理尺寸为 130 mm×130 mm×65 mm;采用 Ethernet 接口;支持 ROS 驱动。该款相机通过双目视觉和结构光融合的方案,有效增强了对白墙等无纹理物体的测量精度。

通过上述介绍分析可以看出,成熟的双目相机产品主要用于室内三维立体视觉应用和机器人研究方面,由于这些双目相机总体上像素数较低,双目之间的基线较短,因而常用于测绘领域的近景摄影测量。当拍摄距离通常在 50 m 左右或者更远时,这些相机就无法满足测绘地物的近景摄影测量工作了。基于这个原因,由于程项目的需要,本节介绍自研的长基线单杆双目相机 CK-2Eyes,并且通过检校场测试了该相机的精度。

2) 长基线单杆双目相机 CK-2Eyes(自主研发测量相机)

(1) 基线对测量精度的影响

双目立体相机的镜头焦距、基线长度等属性决定了双目视觉系统的结构,也对系统的观测精度和范围有直接的影响。假设测量深度为 Z,实际深度为 Z',深度测量误差为 Δz,则

$$\Delta z = Z - Z' = \frac{fB}{d} - \frac{fB}{d+\varepsilon} = \frac{fB\varepsilon}{d(d+\varepsilon)} \tag{1-1}$$

$$d = \frac{fB}{Z} \tag{1-2}$$

两式相代得

$$\Delta z = Z - Z' = \frac{\varepsilon Z^2}{fB + Z\varepsilon} \tag{1-3}$$

其中,d 为视差,ε 为视差误差,f 为相机镜头的焦距,B 为基线长度。从公式(1-3)中可以看出深度方向的误差和深度的平方成正比,基线越长或焦距越大,则测量的精度也就越高。但是由于一般焦距大的镜头视场角较小且基线过长会在近处形成较大的视觉盲区,所以一般来说要对较远的目标进行测量会使用较大的基线,一般搭配较大焦距的镜头;反之,要对较近的目标进行成像则会选择较短的基线长度,一般配合较小焦距的镜头。

（2）长基线单杆双目相机成像传感器的选择

相机成像部分主要由两台索尼相机A6000（图1-15）组成，相机的主要参数如表1-1所示，从表中可以看出工业相机采用索尼公司生产的CMOS图像传感器，同时使用全局快门，可以有效减小拍摄运动物体时产生的拖影和变形。相机也支持同步触发的工作模式，拥有软件触发和硬件触发两种工作模式，结合同步外触发装置可以使两台相机同步成像，这样当相机组合为双目相机时可以确保每次采集的左右图

图1-15 索尼A6000

像均是同一时刻采集的，提高了双目相机的成像效果。相机同时可以搭配多款不同焦距的镜头。在本章的实验部分将会测试相机配备35 mm镜头时的测量精度。

表1-1 索尼A6000参数

传感器尺寸	APS画幅（23.5 mm×15.6 mm）
最大像素数	2 500 万
有效像素	2 430 万
影像处理器	Bionz X
最高分辨率	6 000×4 000 px
快门类型	电子控制纵走式焦平面快门
快门速度	30～1/4 000 s，B门
降噪能力	长时间曝光降噪：开/关，快门时间长于1 s；高感光度降噪：强/标准/低；可选多帧降噪：自动，ISO 100～51 200
外形尺寸	120 mm×66.9 mm×45.1 mm
产品重量	285 g（仅机身）

（3）长基线单杆双目相机的结构设计

长基线单杆双目相机的设计原理如图1-16所示，两台单体A6000相机被固定在一根中空铝合金杆两端，两台相机之间的距离为100 cm，设计两者的获取影像重叠度为75%，该重叠度考虑到保证一定的基高比和镜头视野范围，同时考虑到野外携带的便携性。

相机的加工实物图如图1-17所示，铝杆主要用于支撑单体相机，方便携带；两台单体相机被固定于底座，将两台相机的信号线进行内部改造，最后引出来由单独的双目同步控制器完成同步控制，同步控制器如图1-18所示；相机的供电系统安装在铝杆的内部，将电池设计成圆柱长条形；整个长基线单杆双目相机系统的总重量为2.4 kg。

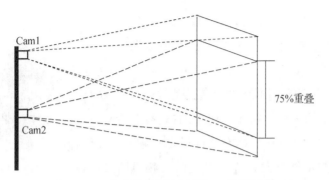

图 1-16　长基线单杆双目相机工作原理图

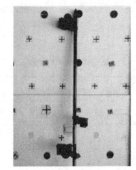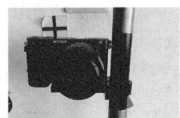

图 1-17　长基线单杆双目相机硬件

图 1-18　同步控制器和电路板

3）单杆双目同步曝光控制系统

双相机同步曝光控制系统是单独研发的双相机同步曝光嵌入软件(图 1-19),其主要功能有:

(1)可以通过计算机系统对索尼双相机进行控制,包括相机参数的设置以及影像存储位置的设置。

(2)给定一个命令完成两个相机同时曝光的功能。双相机属性的控制,可以通过控制系统方便地设置两台相机的 Av(Aperture value,光圈值)、Tv(Time value,时间值)、AEMode(Auto Exposure Mode,自动曝光模式)、ImageQuality(图像质量)、ExposureComp

(曝光)等属性信息。

（3）在同一时刻给两个相机发出曝光的命令,两台相机可以同时完成曝光的工作。

（4）相机曝光完成后,所拍摄的影像可以存储到相机的存储卡里,可以存储到计算机的硬盘上,也可以同时存储在两者上。

（5）在拍摄完成后影像可以快速完成下载。

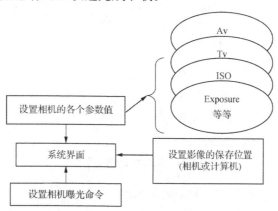

图 1 - 19　双目同步曝光控制系统

4）同步曝光的控制

可以在同步控制器软件界面上点击"Take a Picture"按钮,使两台相机达到同步曝光的效果,如图 1 - 20 所示。

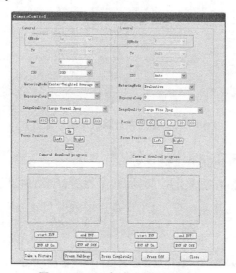

图 1 - 20　同步控制器软件界面

曝光完成之后就会执行图像的下载,如图 1 - 21 所示是图像下载进度条,进度条走完一次就下载完一张图像。

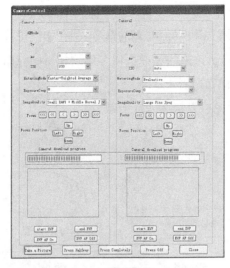

图 1 - 21　同步控制器运行模式

图 1 - 22 为下载并存储在计算机中的图像。

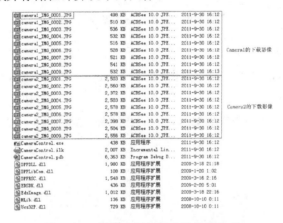

图 1 - 22　图像在计算机中的存储方式

5）长基线单杆双目相机的精度检测

使用长基线单杆双目相机测定控制场 98 个检查点，然后和已知坐标对比求差值，检查长基线单杆双目相机的测量精度，每个检查点的残差见表 1 - 2，其中：D_X 代表 X 方向残差，D_Y 代表 Y 方向残差，D_Z 代表 Z 方向残差。

表 1 - 2　单杆双目近景相机精度检测（单位：m）

点号	D_X	D_Y	D_Z
10001	0.401	0.348	0.243
10002	0.538	0.45	0.236

续表

点号	D_X	D_Y	D_Z
10003	0.535	0.45	0.288
10004	0.414	0.347	0.226
10005	0.414	0.44	0.219
10006	0.419	0.44	0.236
10007	0.426	0.44	0.271
10008	0.474	0.349	0.238
10009	0.488	0.441	0.205
10010	0.502	0.45	0.237
10011	0.514	0.45	0.234
10012	0.254	0.328	0.287
10013	0.129	0.317	0.258
10014	0.276	0.32	0.276
10015	0.296	0.329	0.224
10016	0.233	0.329	0.291
10017	0.253	0.328	0.219
10018	0.307	0.338	0.237
10019	0.275	0.329	0.218
10020	0.366	0.339	0.215
10021	0.376	0.339	0.21
10022	0.301	0.388	0.228
10023	0.307	0.397	0.251
10024	0.308	0.387	0.254
10025	0.338	0.388	0.265
10026	0.322	0.388	0.279
10027	0.349	0.388	0.196
10028	0.344	0.387	0.31
10029	0.376	0.388	0.231
10030	0.358	0.388	0.221
10031	0.313	0.397	0.296

续表

点号	D_X	D_Y	D_Z
10032	0.597	0.357	0.225
10033	0.481	0.343	0.291
10034	0.271	0.268	0.202
10035	0.207	0.378	0.231
10036	0.27	0.377	0.208
10037	0.213	0.377	0.224
10038	0.209	0.376	0.199
10039	0.245	0.366	0.263
10040	0.596	0.356	0.25
10041	0.223	0.376	0.225
10042	0.192	0.316	0.226
10043	0.127	0.312	0.208
10044	0.193	0.314	0.268
10045	0.201	0.324	0.206
10046	0.209	0.325	0.21
10047	0.246	0.324	0.219
10048	0.225	0.324	0.245
10049	0.148	0.313	0.218
10050	0.178	0.312	0.258
10051	0.144	0.312	0.244
10052	0.132	0.316	0.333
10053	0.217	0.321	0.221
10054	0.091	0.207	0.235
10055	0.122	0.315	0.286
10056	0.122	0.315	0.172
10057	0.155	0.314	0.275
10058	0.173	0.314	0.239
10059	0.166	0.313	0.207
10060	0.19	0.312	0.277

续表

点号	D_X	D_Y	D_Z
10061	0.302	0.332	0.246
10062	0.512	0.256	0.23
10063	0.245	0.261	0.284
10064	0.462	0.245	0.289
10065	0.499	0.243	0.261
10066	0.578	0.255	0.293
10067	0.596	0.254	0.272
10068	0.238	0.263	0.256
10069	0.235	0.264	0.294
10070	0.296	0.262	0.367
10071	0.273	0.261	0.256
10072	0.387	0.333	0.28
10073	0.37	0.238	0.266
10074	0.338	0.236	0.259
10075	0.413	0.344	0.321
10076	0.476	0.343	0.256
10077	0.385	0.333	0.298
10078	0.452	0.341	0.276
10079	0.324	0.331	0.418
10080	0.356	0.331	0.306
10081	0.415	0.34	0.276
10082	0.341	0.333	0.329
10083	0.41	0.245	0.296
10084	0.383	0.332	0.286
10085	0.332	0.331	0.281
10086	0.386	0.331	0.295
10087	0.353	0.33	0.269
10088	0.414	0.34	0.311
10089	0.423	0.248	0.339

续表

点号	D_X	D_Y	D_Z
10090	0.4	0.248	0.253
10091	0.4	0.247	0.315
10092	0.433	0.344	0.261
10093	0.203	0.225	0.313
10094	0.47	0.245	0.288
10095	0.396	0.333	0.353
10096	0.37	0.332	0.242
10097	0.289	0.321	0.332
10098	0.348	0.239	0.388
中误差	0.122 374	0.056 251	0.043 757

根据表1-2中水平方向(XY方向)和垂直方向(Z方向)的残差分布,分别绘制出长基线单杆双目相机水平和垂直方向上的残差曲线图,如图1-23和图1-24所示。

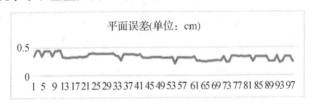

图1-23 长基线单杆双目相机的水平精度

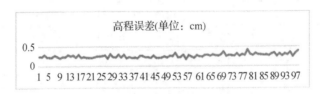

图1-24 长基线单杆双目相机的垂直精度

3. 多目全方位摄影测量相机(自主研发近景测量相机 CK-20Eyes)

1) 多目全方位摄影测量相机的研发目的

研发一种适用于地下管线调查的相机设备,通过安装在该设备上的多目相机对井下进行同步拍摄,获取井下的全景多组立体像对,然后运用近景摄影测量的方法实现对井下地物的定位和量测。该井下相机能够代替人工下井量测调查,工作人员只需把相机放入井内,从地面就可以操作,从而避免了井下有毒气体对人的伤害,极大地提高了工作效率。

2）多目全方位摄影测量相机的研发

（1）井下相机

一般情况下，地下井空间比较狭小，想用尽可能少的相机完成井下全景拍摄，就必须选择小焦距大广角相机。这里采用 20 台 4 mm 焦距的微距相机组成了 10 组立体像对，可以实现井下全景立体拍摄，如图 1 - 25 所示，其中中间 8 对相机均匀上下排列，另外 2 对上下安装，并且考虑到井下照明和定位，在组合相机周围和上下安置 10 个 LED 灯作照明用，还安装了 12 个激光笔作为定位。通过 Wi-Fi 监控组合相机在井下的运动情况，选择合适位置进行遥控，使得 20 台相机同步拍摄，然后把获得的 20 张照片无线传回地面工作站。

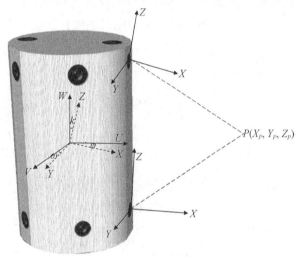

图 1 - 25　井下摄影测量设计图

（2）工作小车

室外工作时，需要设计一个用于安放和控制相机升降的作业平台。考虑到大多数井口的尺寸，设计的工作小车的尺寸为 1.5 m×0.8 m×1.0 m（长×宽×高），可以满足野外作业需求。小车上安装了控制井下相机升降方向的无级变速器，四个车轮为工作人员在不同井之间转换提供方便。野外工作小车的设计和实物图如图 1 - 26 所示。

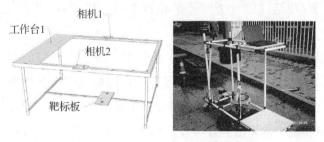

图 1 - 26　野外工作小车设计和实物图

（3）相机监视和拍摄控制系统

相机监视和控制拍摄系统设置在工作小车顶部，通过 Wi-Fi 和井下相机相连。在井下相机向下运动的过程中，通过计算机监控画面就能够看到井下的整体情况，如果井下光线较暗的话，可以远程打开 LED 灯来照亮井下空间。当相机到达需要拍摄的位置时，地面拍摄系统控制井下 20 台相机同时曝光。

3）多目摄影测量系统软件研发

（1）相机参数的求解

微距镜头的光学畸变改差正、每个单相机的内方位元素(x_0,y_0,f)以及外方位元素$(X_S,Y_S,Z_S,\phi,\bar{\omega},k)$的解算是近景摄影测量必须完成的工作。在井下相机系统的研发过程中采用了解析自检校光束平差解法，利用已知控制点地面坐标和它对应的像点坐标以及投影中心三点共线原理，列出共线方程公式

$$\begin{cases} (x+v_x)+\Delta x=-f\dfrac{a_1(X-X_S)+b_1(Y-Y_S)+c_1(Z-Z_S)}{a_3(X-X_S)+b_3(Y-Y_S)+c_3(Z-Z_S)} \\ (y+v_y)+\Delta y=-f\dfrac{a_2(X-X_S)+b_2(Y-Y_S)+c_2(Z-Z_S)}{a_3(X-X_S)+b_3(Y-Y_S)+c_3(Z-Z_S)} \end{cases} \qquad (1-4)$$

其中，$\Delta x,\Delta y$ 为像点改正值；x,y 为像方坐标系下的像点坐标；f 为相机焦距；a_i,b_i,c_i $(i=1,2,3)$为像片的 9 个方向余弦；v_x,v_y 为像片左边的量测误差；$\Delta x,\Delta y$ 为像点改正值，其计算式如式（1-5）所示：

$$\begin{cases} \Delta x=(x-x_0)(k_1r^2+k_2r^4+\cdots)+p_1[r^2+2(x-x_0)^2]+2p_2(x-x_0)(y-y_0)+\alpha(x-x_0)+\beta(y-y_0) \\ \Delta y=(y-y_0)(k_1r^2+k_2r^4+\cdots)+p_2[r^2+2(y-y_0)^2]+2p_1(x-x_0)(y-y_0)+\alpha(y-y_0)+\beta(x-x_0) \end{cases}$$

$$(1-5)$$

式中：$r=\sqrt{(x-x_0)^2+(y-y_0)^2}$；

$\qquad x_0,y_0$——像主点坐标；

k_1,k_2,p_1,p_2——畸变系数。

列出误差方程，用迭代趋近法解算出相机的内方位元素、外方位元素以及畸变差参数。

不同于传统航拍摄影测量，多目全方位摄影测量相机上安装的 20 台相机相对于参考基线具有不同的位置和朝向，在解算外方位元素的角元素时会出现大角度的问题，所以在应用检校场的控制点(X,Y,Z)时必须根据单相机的设计位置和角度需要做旋转和平移处理，这样就保证了解算出的外方位元素的准确性，否则会出现不收敛甚至错误的外方位元素$(X_S,Y_S,Z_S,\phi,\bar{\omega},k)$计算值。

$$\begin{bmatrix} X_T \\ Y_T \\ Z_T \end{bmatrix} = \boldsymbol{T}_X \times \boldsymbol{T}_Y \times \boldsymbol{T}_Z \times \begin{bmatrix} X \\ Y \\ Z \end{bmatrix} \tag{1-6}$$

其中，X_T,Y_T,Z_T 是检校场的控制点坐标经过旋转以后的坐标值；$\boldsymbol{T}_X,\boldsymbol{T}_Y,\boldsymbol{T}_Z$ 是分别绕 X,Y,Z 轴的旋转矩阵；X,Y,Z 是控制点坐标值。

（2）地物点坐标的求解

经过前面的控制场标定和单片后方交会计算，每个立体像对的外方位元素就已知了，接下来利用这个已知位置关系的立体像对，进行前方交会定位，确定地物点坐标 $P(X_P,Y_P,Z_P)$。由于地物点 P 的坐标是通过将相机的坐标轴按机械设计的角度旋转以后计算出来的，也就是说每个立体像对的坐标系是相对独立的，这样可以实现单模型范围内的量测是正确的，但是立体模型之间还是有一个相对的旋转和平移关系。所以，如果地物的宽度大于单模型覆盖的范围，就得考虑跨立体模型的量测。根据前文解算相机外方位元素时旋转的角度，必须把地物点坐标 $P(X_P,Y_P,Z_P)$ 按同样的角度反旋转回去才能得到不同立体模型定位的地物点在统一的基准坐标系下的坐标 $P(X_U,Y_V,Z_W)$。

$$\begin{bmatrix} X_U \\ Y_V \\ Z_W \end{bmatrix} = \boldsymbol{T}_Z \times \boldsymbol{T}_Y \times \boldsymbol{T}_X \times \begin{bmatrix} X_P \\ Y_P \\ Z_P \end{bmatrix} \tag{1-7}$$

其中，X_U,Y_V,Z_W 是量测点在统一基准坐标系下的坐标值；X_P,Y_P,Z_P 是单模型前方交会量测值；$\boldsymbol{T}_X,\boldsymbol{T}_Y,\boldsymbol{T}_Z$ 是分别绕 X,Y,Z 轴的旋转矩阵。

这样，单模型上采集的地物点坐标和其他模型上采集的地物点坐标才具有统一的坐标系，即使量测地物时需要跨模型量测都可以得到正确的值。

4）人机交互的数据管理

人机交互的方便性是一个系统能否顺利被用户接受的参考指标。本软件在开发的时候考虑到 20 台相机在同时获取井下影像时，逐个去找所需量测的地物比较麻烦，所以，为了在诸多影像中能快速定位寻找目标，软件增加了三维快速定位窗口。在这个窗口中能够同时显示已经量测过的地物，以防重复量测，提高生产效率。在三维索引窗口确定出要量测的目标以后，双击该影像就可以把该立体像对调入立体量测主工作窗口区，在这里完成所有的量测。另外，系统软件界面中还有一个量测结果的编辑窗口，可以把量测采集的原始数据编辑成最终通用的数据格式（图 1-27）。

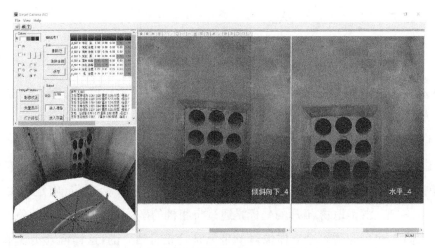

图 1–27　多目全方位摄影测量相机系统软件界面

5）相机加工和制作

第一代和第二代样机见图 1–28 与图 1–29。

图 1–28　第一代多目全方位摄影测量相机　　　　图 1–29　第二代多目全方位摄影测量相机

最终完成的成品多目全方位摄影测量相机见图 1–30。采用多目全方位摄影测量相机进行井下摄影测量的工作现场见图 1–31。

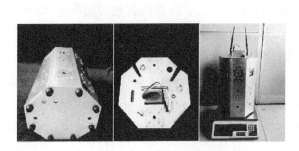　　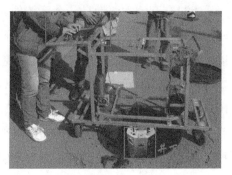

图 1–30　多目全方位摄影测量系统外观　　　　图 1–31　多目全方位摄影测量相机外场工作

二、 近景摄影测量拍摄技术及要求

正直摄影和交向摄影是近景摄影测量采用的两种基本摄影技术。摄影时,像片对两像片的主光轴彼此平行,且垂直于摄影基线的摄影方式称为正直摄影;摄影时,像片对两像片的主光轴大体位于同一平面,既不平行也不垂直于摄影基线的摄影方式称为交向摄影。正直摄影像对一般有55%~70%的重叠度,交向摄影像对常采用100%的重叠度。基于近似正直摄影方式,可实现对目标的区域网摄影或航带网摄影;基于交向摄影方式,可以实现多摄站摄影测量,这样可以大幅度提高摄影测量的可靠性与精度。正直摄影和交向摄影方式的示意图见图1-32,其中θ_1和θ_2是交向摄影时与垂直方向的夹角,M是被拍摄的地物点。

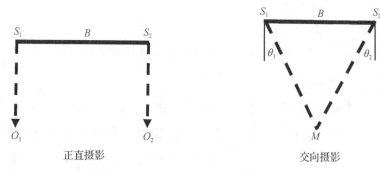

正直摄影　　　　　　　　　　　　　　　交向摄影

图1-32 正直摄影和交向摄影示意图

近景摄影测量中,高质量清晰影像的获取尤为重要,因此需要关注景深及光参数的选择。景深是在已定光圈和模糊圈大小时被摄影空间获得清晰构像的深度范围。进行近景摄影测量时,影像获取必须使目标物处在景深范围以内,以获得清晰的影像。近景摄影测量相机对静态物体进行摄影时经常使用光圈优先的摄影方式,即提前设定光圈号数再测定曝光时间;对动态物体进行摄影时经常使用曝光时间优先的摄影方式,即提前确定曝光时间再确定光圈号数。

1. 正直摄影技术

1) 定义

摄影时,像片对两像片的主光轴S_1O_1与S_2O_2彼此平行,且垂直于摄影基线B的摄影方式。

2) 特点

(1) 生成影像的变形是由被测物的起伏造成的。

（2）多适用于近景摄影测量和解析摄影测量，多用于肉眼立体观测。

（3）像片对一般有55%~70%的重叠度。

（4）可形成对目标物的航带网摄影或区域网摄影。

2. 交向摄影技术

1）定义

摄影时，像片对两像片的主光轴 S_1O_1 与 S_2O_2 大体位于同一平面但不平行，且不垂直于摄影基线 B 的摄影方式。

2）特点

（1）生成影像的变形是由被测物的起伏和像对两像片之间的大相对角度造成的。

（2）多用于解析近景摄影测量或数字近景摄影测量。

（3）像片对100%重叠。

（4）多摄站摄影测量，主要是为了大幅度提高摄影测量的精度和可靠性。

3. 立体像对的摄取方法

从空间两个不同位置对同一物体进行摄影获取的两张像片称为立体像对。立体像对的拍摄方法有多种，主要有双相机法、移动相机法、移动目标法、旋转被摄目标法等。如图 1-33 所示，为了获取地物点 M 的立体像对，分别在点 S_1 和 S_2 拍摄像片 P_1、P_2，组成立体像对。如果相机位置变动为平移方式，组成的立体像对就是正直摄影立体像对；如果相机位置变动为平移加旋转的方式，组成的立体像对为交向摄影立体像对。

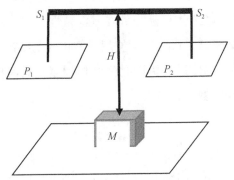

图 1-33　移动相机法获取立体像对

4. 正直摄影方式的精度估算

1）精度评定

（1）估算精度：按理论的估算公式计算得到。

（2）内精度：模型本身的计算精度，与摄影测量网形有关。

（3）外精度：检查点验证精度，低于内精度，更加可靠。

2）影响因素

（1）影像获取设备：检校精度、相机成像性能（分辨率等）。

（2）摄影方式：摄影比例尺、摄站数量和分布、基高比、影像视数等。

（3）控制质量：控制点精度、数量和分布，相对控制强度等。

（4）物体自身条件：照明条件、纹理特征等。

（5）后续处理软硬件：图像处理及摄影测量处理方法、量测仪器性能等。

第二章

近景摄影测量理论基础及通用工具软件

2.1 近景影像的基本知识

一、近景摄影测量的特点

近景摄影测量以传统摄影测量理论为基础,建立起被测目标从地面到像片的坐标映射关系,而这种映射关系是两个坐标空间之间的相对位置关系和相机参数的函数。通过这种映射关系就可以进行相机的内外方位元素标定以及物体目标位置的测量。这两种应用是一对相反的过程,已知真实空间物体的坐标和相应像片空间物体的坐标来解算相机的参数,即相机的内外方位元素标定;而物体目标位置的测量是已知相机的参数和像片空间物体的坐标来求解真实空间物体的坐标。

作为采用非量测相机实现物体三维测量的关键步骤——相机标定技术,最早应用于摄影测量学中,即根据相机拍摄所得图像信息的二维坐标信息与物体对应的空间三维坐标信息之间的对应关系,确定双目相机或者相机多个视角之间的关系,确定相机的成像模型,拍摄时所用相机的内参数和外参数即为模型参数。在测量时所使用的摄像机分为量测相机和非量测相机。量测相机具有部分已确定的内部参数值,如光轴与图像平面的交点、摄像机的焦距、相机镜头的畸变差参数等,使得摄影测量方法简单且易解算,但由于设备的价格高昂,应用领域受限制;非量测相机由于价格便宜且适应于各种拍摄条件而得到广泛推广,其缺点是该类相机的内外方位元素未知,需要进行相机标定,通过标定板的二维图像解算出非量测相机的内外部参数及畸变差参数值。

二、 近景摄影测量的控制

1. 控制点与相对控制

近景摄影测量控制的目的一是把近景摄影测量网与物方坐标系联系起来,二是利用多余的控制条件提高摄影测量成果的精度和可靠性。

近景摄影测量体系中常用的两类控制方式是绝对控制和相对控制。绝对控制指在物体上或者周边布设控制点,一般常用三维控制和二维控制。近景摄影经常采用绝对控制方式。相对控制指利用某些未知点间特定的几何关系如距离进行控制。绝对控制一般应用于新建工程,相对控制运用于运营维护阶段的形变监测。

近景摄影测量中,控制点的测定通常采用经纬仪法、水准仪法、全站仪法等常规测量方法。相对控制的布设既可以采用常规测量方法,也可以借助一些几何关系,比如本书中用到的控制标杆,就是利用固定长度的标杆作为相对控制。

2. 控制点的精度要求

设待测点坐标的误差 m 由摄影测量中的误差 m_s、控制点坐标的误差 m_k 组成,有

$$\sqrt{m_k^2 + m_s^2} = m \tag{2-1}$$

一般以 $m_k < 1/3 m_s$ 来限定控制点的测量精度,这样确保了待测点坐标误差 m 不受控制点坐标误差 m_k 的影响。具体到项目任务,一般摄影测量中可先估算误差,所以能预先设计控制点精度。

3. 相对控制的应用

相对控制在近景摄影测量中一般能非常方便地布置使用。相对控制的使用和优化减轻了近景摄影测量的控制工作量,提高了近景摄影测量的工作效率,也使控制手段多样化。相对控制可以是布置在物方空间的一个已知角度、一段已知距离、几何图形上的已知点等。

举例来说,把一根水准尺放在被摄物体前,就可以引进距离相对控制。当确定某些点的高程相等,即在同一水平面上时,就引进了水平平面相对控制。

1）距离相对控制

距离相对控制主要有两摄站点间的距离相对控制和两物点间的距离相对控制,是一种比较普遍的相对控制的控制方式。设两个摄站点 S_A,S_B 之间的距离为 L_{AB},如图 2-1 所示。

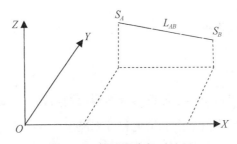

图 2-1　摄影距离相对控制

若 X_S, Y_S, Z_S 代表摄站点坐标,F_{AB} 代表两个摄站点的测量观测距离和真实距离误差值,则存在条件方程式

$$L_{AB}^2 - (X_{SA} - X_{SB})^2 - (Y_{SA} - Y_{SB})^2 - (Z_{SA} - XZ_{SB})^2 = F_{AB} \tag{2-2}$$

可得到观测值 L 的改正数 V_L 的误差公式为

$$\begin{bmatrix} X_{SA} - X_{SB} \\ -(X_{SA} - X_{SB}) \\ Y_{SA} - Y_{SB} \\ -(Y_{SA} - Y_{SB}) \\ Z_{SA} - Z_{SB} \\ -(Z_{SA} - Z_{SB}) \end{bmatrix}^{\mathrm{T}} \begin{bmatrix} \Delta X_{SA} \\ \Delta X_{SB} \\ \Delta Y_{SA} \\ \Delta Y_{SB} \\ \Delta Z_{SA} \\ \Delta Z_{SB} \end{bmatrix} \frac{1}{L_{AB}} - \frac{F_{AB}^0}{2L_{AB}} = V_L \tag{2-3}$$

式(2-3)可以与像点坐标误差式整体平差。同理,可推算出物点间的距离相对控制以及一个摄站点与一个物点间的距离相对控制的条件方程式和误差公式。

2) 平面相对控制

简单地说,平面相对控制就是利用在一个平面内的一群未知点作控制条件。平面相对控制有竖直平面、水平平面、任意平面三种相对控制方式。

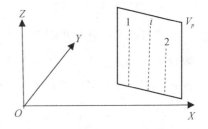

如果待定点 1、2、i 在相同的竖直平面 V_p 上,物方坐标系中 Z 坐标轴与该竖直平面平行,如图 2-2 所示。

由于物方空间坐标中的 Z 值和竖直平面 V_p 的方

图 2-2　摄影平面相对控制

程无关,则有

$$(X_i - X_2)(Y_i - Y_1) - (X_i - X_1)(Y_i - Y_2) = 0$$

其矩阵形式为

$$C_{V_p} X = G_{V_p} \tag{2-4}$$

其中:

$$\boldsymbol{C}_{V_p} = \left[-(X_2-X_1)(X_i-X_1) - (X_i-X_2)(Y_2-Y_1) - (Y_i-Y_1)(Y_i-Y_2) \right]$$

$$\boldsymbol{X} = \begin{bmatrix} \Delta Y_i & \Delta Y_2 & \Delta Y_1 & \Delta X_i & \Delta X_2 & \Delta X_1 \end{bmatrix}$$

$$\boldsymbol{G}_{V_p} = -\boldsymbol{F}_0$$

将像点坐标误差公式加入上式作为约束条件一同求解,就等同于加入了竖直平面的相对控制条件。同理,可以推导出水平平面和任意平面的相对控制条件方程式与矩阵式。

3）直线相对控制

直线相对控制就是利用位于同一条直线上的未知点作控制条件,主要有铅垂线相对控制和水平直线相对控制等方式。

（1）铅垂线相对控制

如果两点（1 和 i）处在一条铅垂线上,就有

$$\begin{cases} X_i - X_1 = 0 \\ Y_i - Y_1 = 0 \end{cases} \tag{2-5}$$

其矩阵形式为

$$\boldsymbol{C}_{V2\times4}\boldsymbol{X}_{4\times1} = \boldsymbol{G}_{V2\times1} \tag{2-6}$$

其中:

$$\boldsymbol{C}_{V2\times4} = \begin{bmatrix} 1 & -1 & 0 & 0 \\ 0 & 0 & 1 & -1 \end{bmatrix}$$

$$\boldsymbol{X} = \begin{bmatrix} \Delta X_i & \Delta X_1 & \Delta Y_i & \Delta Y_1 \end{bmatrix}^{\mathrm{T}}$$

把上式作为约束条件与像点坐标误差公式一同求解,即等同于引进铅垂线相对控制条件。类似地,可以列出水平直线相对控制的条件方程式和矩阵式。

（2）任意方向直线相对控制

$$\frac{(X_i-X_1)}{(X_2-X_1)} = \frac{(Y_i-Y_1)}{(Y_2-Y_1)} = \frac{(Z_i-Z_1)}{(Z_2-Z_1)} \tag{2-7}$$

也可以写成

$$\begin{cases} (X_i-X_1)(Y_2-Y_1) - (Y_i-Y_1)(X_2-X_1) = 0 \\ (X_i-X_1)(Z_2-Z_1) - (Z_i-Z_1)(X_2-X_1) = 0 \end{cases} \tag{2-8}$$

这时有两个方程式以及 1、2、i 三个点,通过线性化后,得到线性化形式如下:

$$\boldsymbol{C}_{2\times9}\boldsymbol{X}_{9\times1} = \boldsymbol{G}_{L2\times1} \tag{2-9}$$

（3）水平直线相对控制

水平直线相对控制的条件方程式为

$$\begin{cases} Z_i - Z_1 = 0 \\ (X_i - X_1)(Y_2 - Y_1) - (Y_i - Y_1)(X_2 - X_1) = 0 \end{cases} \tag{2-10}$$

如果只有 1、2、i 三个点，则其线性化形式应写作

$$\boldsymbol{C}_{h2\times9}\boldsymbol{X}_{9\times1} = \boldsymbol{G}_{h2\times1} \tag{2-11}$$

（4）角度相对控制

若在点 1 处，边 L_{12} 与边 L_{13} 所夹角 θ 已知，则根据余弦定律可写出下列条件方程式：

$$L_{23}^2 - L_{12}^2 - L_{13}^2 + 2L_{12}L_{13}\cos\theta = 0 \tag{2-12}$$

其中：

$$\begin{cases} L_{12}^2 = (X_1 - X_2)^2 + (Y_1 - Y_2)^2 + (Z_1 - Z_2)^2 \\ L_{13}^2 = (X_1 - X_3)^2 + (Y_1 - Y_3)^2 + (Z_1 - Z_3)^2 \\ L_{23}^2 = (X_2 - X_3)^2 + (Y_2 - Y_3)^2 + (Z_2 - Z_3)^2 \end{cases}$$

对式（2-12）进行线性化，并把 θ 看作观测值，有

$$\boldsymbol{B}_{\theta1\times9}\boldsymbol{X}_{9\times1} - \boldsymbol{L}_{\theta1\times1} = \boldsymbol{V}_{\theta1\times1} \tag{2-13}$$

如果 θ 角位于一个竖直或者水平的平面上，那么除了可以使用角度相对控制外，还可以附加平面制约方程式。

2.2　近景影像解析

一、成像坐标系

相机标定实际上是建立世界坐标系（O_w - $X_wY_wZ_w$）、相机坐标系（O_C - $X_CY_CZ_C$）、像素坐标系（O - uv）及图像坐标系（O - xy）这四个坐标系之间的联系，通过四个坐标系中目标物体和对应像点之间的映射转换获得相机标定模型，坐标系转换关系如图 2-3 所示。

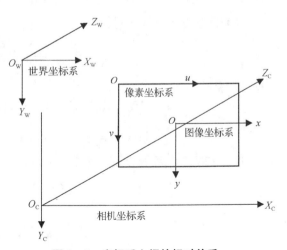

图 2-3　坐标系之间的相对关系

1. 图像坐标系与像素坐标系

相机拍摄获取的每一张图像在计算机中都由离散的二维数组构成,可使用该像素点对应的二维数组表示其像素坐标值 (u_i, v_i),单位为像素。但由于像素坐标系 $O\text{-}uv$ 是以图像左上角为原点,所建立的坐标系与平时采用的物理坐标系不统一,所以建立以图像与摄像机光轴交点为原点的图

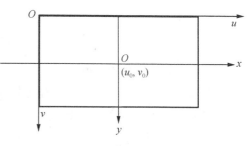

图 2-4　图像坐标系

像坐标系 $O\text{-}xy$,图像坐标系原点在像素坐标系中的坐标为 (u_0, v_0),平行于标志点第一排圆心连线的为 x 轴,平行于标志点第一列圆心连线的为 y 轴(图 2-4),根据坐标之间的对应关系建立像素坐标系与图像坐标系的数学转换模型,如下所示:

$$\begin{cases} u - u_0 = \dfrac{x}{d_x} \\[2mm] v - v_0 = \dfrac{y}{d_y} \end{cases} \tag{2-14}$$

式中:(u, v)——目标点在像素坐标系中的坐标值(px);

　　(x, y)——目标点在图像坐标系中的坐标值(mm);

　　d_x——像素坐标系中 u 轴方向相邻像素间的距离(mm);

　　d_y——像素坐标系中 v 轴方向相邻像素间的距离(mm)。

将式(2-14)写成矩阵的形式,即

$$\begin{bmatrix} \dfrac{1}{d_x} & 0 & u_0 \\[2mm] 0 & \dfrac{1}{d_y} & v_0 \\[2mm] 0 & 0 & 1 \end{bmatrix} \begin{bmatrix} x \\ y \\ 1 \end{bmatrix} = \begin{bmatrix} u \\ v \\ 1 \end{bmatrix}_x \tag{2-15}$$

2. 相机坐标系

相机坐标系是以相机的投影中心为原点,定义 Z_C 轴为光轴所在方向,X_C 轴平行于成像平面,轴根据右手法则确定。(X_C, Y_C, Z_C) 为任意空间点 q 在相机坐标系中的空间坐标,Q 点在图像中对应的像点 q 在图像坐标系中的坐标为 (x, y)。

摄影测量中理想的线性呈现模型是基于针孔成像的,所以目标点与对应像点呈线性关系,相机坐标系与图像坐标系之间的转换关系如式(2-16)所示。

$$\begin{cases} x = \dfrac{f \times X_{\mathrm{C}}}{Z_{\mathrm{C}}} \\ y = \dfrac{f \times Y_{\mathrm{C}}}{Z_{\mathrm{C}}} \end{cases} \qquad (2-16)$$

式中：f——相机的焦距(mm)；

$(X_{\mathrm{C}}, Y_{\mathrm{C}}, Z_{\mathrm{C}})$——目标点在相机坐标系中的坐标值(cm)。

将式(2-16)转换为矩阵形式为

$$\begin{bmatrix} f & 0 & 0 & 0 \\ 0 & f & 0 & 0 \\ 0 & 0 & 1 & 0 \end{bmatrix} \begin{bmatrix} X_{\mathrm{C}} \\ Y_{\mathrm{C}} \\ Z_{\mathrm{C}} \\ 1 \end{bmatrix} = Z_{\mathrm{C}} \begin{bmatrix} x \\ y \\ 1 \end{bmatrix} \qquad (2-17)$$

3. 世界坐标系

世界坐标系可以根据实际解算需要被定义为任意具有三维信息的坐标系，目标点 Q 的坐标表示为 $(X_{\mathrm{w}}, Y_{\mathrm{w}}, Z_{\mathrm{w}})$。目标点在世界坐标系与相机坐标系中的坐标值可通过旋转、平移操作进行相互转换，具体的转换关系如下：

$$\begin{bmatrix} X_{\mathrm{C}} \\ Y_{\mathrm{C}} \\ Z_{\mathrm{C}} \end{bmatrix} = \boldsymbol{R} \cdot \begin{bmatrix} X_{\mathrm{w}} \\ Y_{\mathrm{w}} \\ Z_{\mathrm{w}} \end{bmatrix} + \boldsymbol{T} \qquad (2-18)$$

式中：$(X_{\mathrm{w}}, Y_{\mathrm{w}}, Z_{\mathrm{w}})$——目标点在世界坐标系中的坐标值；

$\boldsymbol{R}$——目标点从世界坐标系转换到相机坐标系时对应 3×3 的旋转矩阵；

$\boldsymbol{T}$——目标点从世界坐标系转换到相机坐标系时对应 1×3 的平移矩阵。

将式(2-18)化为齐次矩阵形式后表示为

$$\begin{bmatrix} X_{\mathrm{C}} \\ Y_{\mathrm{C}} \\ Z_{\mathrm{C}} \\ 1 \end{bmatrix} = \begin{bmatrix} \boldsymbol{R} & 0 \\ \boldsymbol{0}_{1 \times 3} & 1 \end{bmatrix} \cdot \begin{bmatrix} X_{\mathrm{w}} \\ Y_{\mathrm{w}} \\ Z_{\mathrm{w}} \\ 1 \end{bmatrix} \qquad (2-19)$$

式中：$\boldsymbol{0}_{1 \times 3}$——1 行 3 列的 0 矩阵。

将式(2-19)代入式(2-15)、式(2-17)和式(2-18)，可得

$$Z_{\mathrm{C}} \begin{bmatrix} u \\ v \\ 1 \end{bmatrix} = \begin{bmatrix} \dfrac{1}{d_x} & 0 & u_0 \\ 0 & \dfrac{1}{d_y} & v_0 \\ 0 & 0 & 1 \end{bmatrix} \begin{bmatrix} f & 0 & 0 & 0 \\ 0 & f & 0 & 0 \\ 0 & 0 & 1 & 0 \end{bmatrix} \begin{bmatrix} \boldsymbol{R} & 0 \\ \boldsymbol{0}_{1 \times 3} & 1 \end{bmatrix} \begin{bmatrix} X_{\mathrm{w}} \\ Y_{\mathrm{w}} \\ Z_{\mathrm{w}} \\ 1 \end{bmatrix}$$

$$=\begin{bmatrix} S_X & 0 & u_0 & 0 \\ 0 & S_Y & v_0 & 0 \\ 0 & 0 & 1 & 0 \end{bmatrix}\begin{bmatrix} \boldsymbol{R} & 0 \\ \boldsymbol{0}_{1\times3} & 1 \end{bmatrix}=AK\begin{bmatrix} X_W \\ Y_W \\ Z_W \\ 1 \end{bmatrix} \tag{2-20}$$

其中，S_X 和 S_Y 的定义如式(2-21)所示：

$$\begin{cases} S_X=\dfrac{1}{d_x}\times f \\ S_Y=\dfrac{1}{d_y}\times f \end{cases} \tag{2-21}$$

二、 单片共线方程及空间后方交会

1. 中心投影模型

相机成像模型在理想状况下依据的是小孔成像原理，即从三维空间向二维空间的映射，可通过对相机、影像传感器等成像系统拍摄的图像进行分析计算得到目标物体的三维空间信息和运动参数。为了准确解算出实际物体的位置对应于图像上的位置，首先需要建立用以描述目标物体与图像之间映射关系的成像模型。双目相机测量与人眼的成像机理相似，在不考虑相机畸变的前提下，绝大多数成像设备都采用中心透视投影模型（"针孔"模型）对物体进行成像。

中心投影原理如图 2-5 所示，目标点 Q 在相机坐标系下的空间三维坐标为(X,Y,Z)，相机光心为 O_C，所成图像为 n，q 为 Q 在像平面上对应的像点，其坐标为(x,y)。相机拍照时，所有的成像光线都通过光心，满足光线沿直线传播的约束条件，即目标物体与其对应像点和光心在同一条直线上。

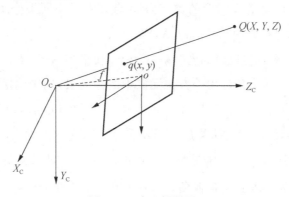

图 2-5　中心投影原理

2. 中心投影共线方程

共线条件方程是摄影测量学理论体系的核心内容之一,众多应用摄影测量理论的技术都以此为基础,如(多片)空间前方交会算法、(单片)空间后方交会算法和多种光束解法等近景摄影测量解析方法。共线条件方程构建的数学模型在像点坐标和空间坐标之间建立了几何关系。

在推导共线条件方程时涉及几个坐标系:像空间坐标系 $S\text{-}xyz$、像空间辅助坐标系 $S\text{-}XYZ$、地面摄影测量坐标系 $D\text{-}XYZ$ 以及像平面坐标系 $o\text{-}xy$。地面摄影测量坐标系 $D\text{-}XYZ$ 用于描述目标物体的运动状态或空间形状,是根据具体测定目标而定义的空间直角坐标系,为右手。像空间辅助坐标系 $S\text{-}XYZ$ 为像空间坐标系 $S\text{-}xyz$ 和地面摄影测量坐标系 $D\text{-}XYZ$ 之间的过渡坐标系。坐标原点为摄影中心 S。像空间坐标系 $S\text{-}xyz$ 用于表示像点的像空间坐标,摄影中心 S 到像片所在平面的距离称为主距。该坐标系中 x 轴和 y 轴分别平行于像平面坐标系的 x 轴和 y 轴,z 轴在主距所在直线上。像平面坐标系 $o\text{-}xy$ 用于描述像片上像点的像素坐标。

坐标轴的定义有三种选择:

(1) 取像空间辅助坐标系的三个坐标轴分别与物空间坐标系的三轴平行。

(2) 以每条航线第一张像片的像空间坐标系 $S\text{-}xyz$ 作为像空间辅助坐标系。

(3) 在每个立体像对中,以左边摄影中心为坐标原点,摄影基线方向为 X 轴,摄影基线与左边光轴构成的平面作为 XZ 平面,过原点且垂直于 XZ 平面的轴为 Y 轴构成右手直角坐标系。

如图 2-6 所示,假设摄影中心为 (X_S, Y_S, Z_S),地面上任一点 A 在地面摄影测量坐标系中的坐标为 (X_A, Y_A, Z_A),可得点 A 在像空间辅助坐标系中的坐标为 $(X_A - X_S, Y_A - Y_S, Z_A - Z_S)$。地面点 A 对应的像点为 a,点 a 在像空间坐标系中的坐标为 $(x, y, -f)$,在像空间辅助坐标系中的坐标为 (X, Y, Z)。

在将像空间坐标系像空间辅助坐标系 $S\text{-}xyz$ 转换到 $S\text{-}XYZ$ 的过程中,两坐标系的三轴之间存在夹角,该夹角称为外方位元素中的角元素,用于确定像空间坐标系在地面摄影测量坐标系中的姿态,一般用 ϕ, ω, κ 表示。如图 2-7 所示,定义像空间辅助坐标系 $S\text{-}XYZ$ 与地面摄影测量坐标系 $D\text{-}XYZ$ 平行。Se 为主点光线 So 在 $S\text{-}XZ$ 平面内的投影,由图 2-7 可知,S_z, S_x, Se 在同一平面内。Se 与 Z 轴的夹角即为 φ,称为航向倾角;Se 与 So 的夹角为 ω,称为旁向倾角;S_Y 轴在像平面内的投影与 y 轴的夹角为 κ,称为像片旋角。

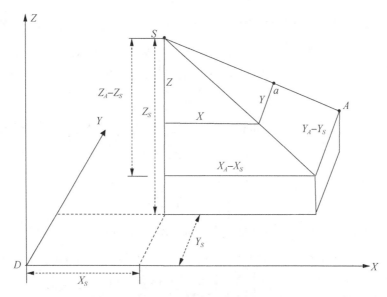

图 2-6　中心投影模型中各坐标系的关系

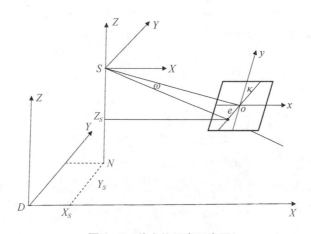

图 2-7　外方位元素示意图

由图可知,直线 SN 旋转角度 φ 后得到 Se,再旋转角度 ω 后得到 So,在地面投影测量坐标系 $D\text{-}XYZ$ 中用角度 φ 和 ω 形容主点光线的方向。像平面坐标系 $o\text{-}xy$ 中的 y 轴由直线 oe 旋转 κ 角度得到,因此 κ 用于形容摄影光束相对于主点光线 So 的旋转角度。假设将这三个角度定义为正值,则坐标系 $S\text{-}XYZ$ 绕 Y 轴旋转角度 φ 后得到坐标系 $S\text{-}X_\varphi Y_\varphi Z_\varphi$,两坐标系三轴之间的关系为

$$\begin{bmatrix} X \\ Y \\ Z \end{bmatrix} = \begin{bmatrix} \cos\varphi & 0 & -\sin\varphi \\ 0 & 1 & 0 \\ \sin\varphi & 0 & \cos\varphi \end{bmatrix} \begin{bmatrix} x_\varphi \\ y_\varphi \\ z_\varphi \end{bmatrix} = \boldsymbol{R}_\varphi \begin{bmatrix} x_\varphi \\ y_\varphi \\ z_\varphi \end{bmatrix} \tag{2-22}$$

再绕 X 轴旋转角度 ω 后得到坐标系 $S-X_{\varphi\omega}Y_{\varphi\omega}Z_{\varphi\omega}$，两坐标第三轴之间的关系为

$$\begin{bmatrix} x_\varphi \\ y_\varphi \\ z_\varphi \end{bmatrix} = \begin{bmatrix} 1 & 0 & 0 \\ 0 & \cos\omega & -\sin\omega \\ 0 & \sin\omega & \cos\omega \end{bmatrix} \begin{bmatrix} x_{\varphi\omega} \\ y_{\varphi\omega} \\ z_{\varphi\omega} \end{bmatrix} = \boldsymbol{R}_\omega \begin{bmatrix} x_{\varphi\omega} \\ y_{\varphi\omega} \\ z_{\varphi\omega} \end{bmatrix} \tag{2-23}$$

后绕 Z 轴旋转角度 κ 后得到坐标系 $S-X_{\varphi\omega\kappa}Y_{\varphi\omega\kappa}Z_{\varphi\omega\kappa}$，两坐标系三轴之间的关系为

$$\begin{bmatrix} x_{\varphi\omega} \\ y_{\varphi\omega} \\ z_{\varphi\omega} \end{bmatrix} = \begin{bmatrix} \cos\kappa & -\sin\kappa & 0 \\ \sin\kappa & \cos\kappa & 0 \\ 0 & 0 & 1 \end{bmatrix} \begin{bmatrix} x \\ y \\ -f \end{bmatrix} = \boldsymbol{R}_k \begin{bmatrix} x \\ y \\ -f \end{bmatrix} \tag{2-24}$$

将式(2-24)代入式(2-23)后再代入式(2-22)，可得

$$\begin{bmatrix} X \\ Y \\ Z \end{bmatrix} = \begin{bmatrix} \cos\varphi & 0 & -\sin\varphi \\ 0 & 1 & 0 \\ \sin\varphi & 0 & \cos\varphi \end{bmatrix} \begin{bmatrix} 1 & 0 & 0 \\ 0 & \cos\omega & -\sin\omega \\ 0 & \sin\omega & \cos\omega \end{bmatrix} \begin{bmatrix} \cos k & -\sin\kappa & 0 \\ \sin\kappa & \cos\kappa & 0 \\ 0 & 0 & 1 \end{bmatrix} \begin{bmatrix} x \\ y \\ -f \end{bmatrix}$$

$$= \boldsymbol{R}_\varphi \boldsymbol{R}_\omega \boldsymbol{R}_\kappa \begin{bmatrix} x \\ y \\ -f \end{bmatrix} = \boldsymbol{R} \begin{bmatrix} x \\ y \\ -f \end{bmatrix} = \begin{bmatrix} a_1 & a_2 & a_3 \\ b_1 & b_2 & b_3 \\ c_1 & c_2 & c_3 \end{bmatrix} \begin{bmatrix} x \\ y \\ -f \end{bmatrix} \tag{2-25}$$

其中：

$$\begin{cases} a_1 = \cos\varphi\cos\kappa - \sin\varphi\sin\omega\sin\kappa \\ a_2 = -\cos\varphi\sin\kappa - \sin\varphi\sin\omega\cos\kappa \\ a_3 = -\sin\varphi\cos\omega \\ b_1 = \cos\omega\sin\kappa \\ b_2 = \cos\omega\cos\kappa \\ b_3 = -\sin\omega \\ c_1 = \sin\varphi\cos\kappa + \cos\varphi\sin\omega\sin\kappa \\ c_2 = -\sin\varphi\sin\kappa + \cos\varphi\sin\omega\cos\kappa \\ c_3 = \cos\varphi\cos\omega \end{cases}$$

由于 $\boldsymbol{R}$ 为正交矩阵，故有

$$\begin{bmatrix} a_1 & b_1 & c_1 \\ a_2 & b_2 & c_2 \\ a_3 & b_3 & c_3 \end{bmatrix} = \boldsymbol{R}^{\mathrm{T}} = \begin{bmatrix} a_1 & a_2 & a_3 \\ b_1 & b_2 & b_3 \\ c_1 & c_2 & c_3 \end{bmatrix}^{\mathrm{T}} \tag{2-26}$$

即

$$\begin{bmatrix} x \\ y \\ -f \end{bmatrix} = \boldsymbol{R}^{-1} \begin{bmatrix} X \\ Y \\ Z \end{bmatrix} = \begin{bmatrix} a_1 & b_1 & c_1 \\ a_2 & b_2 & c_2 \\ a_3 & b_3 & c_3 \end{bmatrix} \begin{bmatrix} X \\ Y \\ Z \end{bmatrix} \tag{2-27}$$

由图 2-6 可知，S、A、a 三点位于同一条直线上，故由相似三角形可知

$$\frac{X}{X_A - X_S} = \frac{X}{Y_A - Y_S} = \frac{X}{Z_A - Z_S} = \frac{1}{\lambda} \tag{2-28}$$

式中，λ 为比例因子，则式（2-28）写成矩阵形式为

$$\begin{bmatrix} X \\ Y \\ Z \end{bmatrix} = \frac{1}{\lambda} \begin{bmatrix} X_A - X_S \\ Y_A - Z_S \\ Z_A - Z_S \end{bmatrix} \tag{2-29}$$

将式（2-29）代入式（2-27）得

$$\begin{bmatrix} x \\ y \\ -f \end{bmatrix} = \frac{1}{\lambda} \begin{bmatrix} a_1 & b_1 & c_1 \\ a_2 & b_2 & c_2 \\ a_3 & b_3 & c_3 \end{bmatrix} \begin{bmatrix} X_A - X_S \\ Y_A - Z_S \\ Z_A - Z_S \end{bmatrix} \tag{2-30}$$

把矩阵形式改写成联立方程组形式并消除比例参数 λ 可得

$$\begin{cases} x = -f \dfrac{a_1(X - X_S) + b_1(Y - Y_S) + c_1(Z - Z_S)}{a_3(X - X_S) + b_3(Y - Y_S) + c_3(Z - Z_S)} \\ y = -f \dfrac{a_2(X - X_S) + b_2(Y - Y_S) + c_2(Z - Z_S)}{a_3(X - X_S) + b_3(Y - Y_S) + c_3(Z - Z_S)} \end{cases} \tag{2-31}$$

该式即为摄影测量学常用的共线条件方程，其中 (x, y) 为像点坐标，(X_S, Y_S, Z_S) 为摄影中心 S 在地面摄影测量坐标系中的坐标，(X_A, Y_A, Z_A) 是地面点 A 在地面摄影测量坐标系中的坐标。但是共线条件方程无法处理具有大角度变化的影像，此时需要用到直接线性变换解法。

3. 基于空间后方交会的内外方位元素解算

1）单片空间后方交会算法的一般形式

由于共线条件方程是航摄像片定向元素的非线性函数，为了便于平差计算和应用，必须进行线性化。所谓线性化，是将原函数按泰勒级数展开，取至一次项，求得原函数一次项的近似表达式。

设像片的内方位元素为 f、x_0、y_0，外方位元素为 X_S、Y_S、Z_S、φ、ω、κ，地面控制点坐标为 X、Y、Z，地面控制点对应的像点坐标的观测值为 x、y，计算值为 x'、y'，内外方位元素和地面控制点的初值为 f_0、x_0^0、y_0^0、X_S^0、Y_S^0、Z_S^0、φ^0、ω^0、κ^0、X^0、Y^0、Z^0。令

$$\begin{cases} x - x_0 + \Delta x = -f \dfrac{a_1(X-X_S) + b_1(Y-Y_S) + c_1(Z-Z_S)}{a_3(X-X_S) + b_3(Y-Y_S) + c_3(Z-Z_S)} \\[3mm] y - y_0 + \Delta y = -f \dfrac{a_2(X-X_S) + b_2(Y-Y_S) + c_2(Z-Z_S)}{a_3(X-X_S) + b_3(Y-Y_S) + c_3(Z-Z_S)} \end{cases} \quad (2-32)$$

$$\begin{cases} dX = X - X^0 \\ dY = Y - Y^0 \\ dZ = Z - Z^0 \\ df = f - f^0 \\ dx_0 = x - x^0 \\ dy_0 = y - y^0 \end{cases} \quad (2-33)$$

$$\begin{cases} \begin{bmatrix} \overline{X} \\ \overline{Y} \\ \overline{Z} \end{bmatrix} = \begin{bmatrix} a_1 & b_1 & c_1 \\ a_2 & b_2 & c_2 \\ a_3 & b_3 & c_3 \end{bmatrix} \begin{bmatrix} X - X_S \\ Y - Y_S \\ Z - Z_S \end{bmatrix} \\[6mm] x' = -f \dfrac{\overline{X}}{\overline{Z}} \\[3mm] y' = -f \dfrac{\overline{Y}}{\overline{Z}} \end{cases} \quad (2-34)$$

则共线条件方程式(2-32)去掉 $\Delta x, \Delta y$，线性化后的近似公式为

$$\begin{cases} c_{11}dX_S + c_{12}dY_S + c_{13}dZ_S + c_{14}d\varphi + c_{15}d\omega + c_{16}d\kappa - c_{11}dX - c_{12}dY - c_{13}dZ + \\ \quad c_{17}df + c_{18}dx_0 - c_{19}dy_0 - l_x = 0 \\ c_{21}dX_S + c_{22}dY_S + c_{23}dZ_S + c_{24}d\varphi + c_{25}d\omega + c_{26}d\kappa - c_{21}dX - c_{22}dY - c_{23}dZ + \\ \quad c_{27}df + c_{28}dx_0 - c_{29}dy_0 - l_y = 0 \end{cases} \quad (2-35)$$

式中:

$$\begin{cases} c_{11} = \dfrac{1}{\overline{Z}}(a_1 f + a_3 x) \\[2mm] c_{12} = \dfrac{1}{\overline{Z}}(b_1 f + b_3 x) \\[2mm] c_{13} = \dfrac{1}{\overline{Z}}(c_1 f + c_3 x) \\[2mm] c_{14} = b_1 \dfrac{xy}{f} - b_2 \left(f + \dfrac{x^2}{f} \right) - b_3 y \\[2mm] c_{15} = -\dfrac{x^2}{f} \sin\kappa - \dfrac{xy}{f} \cos\kappa - f \sin\kappa \\[2mm] c_{16} = y \\[2mm] c_{17} = \dfrac{x}{f} \\[2mm] c_{18} = 1 \\ c_{19} = 0 \\ l_x = x - x' \end{cases} \quad (2-36)$$

$$\begin{cases}
c_{21}=\dfrac{1}{\overline{Z}}(a_2 f+a_3 x) \\[2mm]
c_{22}=\dfrac{1}{\overline{Z}}(b_2 f+b_3 x) \\[2mm]
c_{23}=\dfrac{1}{\overline{Z}}(c_2 f+c_3 x) \\[2mm]
c_{24}=b_1\dfrac{xy}{f}-b_2\left(f+\dfrac{x^2}{f}\right)-b_3 x \\[2mm]
c_{25}=-\dfrac{y^2}{f}\cos\kappa-\dfrac{xy}{f}\sin\kappa-f\cos\kappa \\[2mm]
c_{26}=-x \\[2mm]
c_{27}=\dfrac{y}{f} \\[2mm]
c_{28}=0 \\[2mm]
c_{29}=1 \\[2mm]
l_y=y-y'
\end{cases} \qquad (2-37)$$

对于地面控制点来说,其地面坐标(X,Y,Z)已知,则$\mathrm{d}X=0,\mathrm{d}Y=0,\mathrm{d}Z=0$,故式(2-35)可写成矩阵形式如下:

$$\begin{bmatrix}c_{11}&c_{12}&c_{13}&c_{14}&c_{15}&c_{16}\\c_{21}&c_{22}&c_{23}&c_{24}&c_{25}&c_{26}\end{bmatrix}\begin{bmatrix}\mathrm{d}X_S\\\mathrm{d}Y_S\\\mathrm{d}Z_S\\\mathrm{d}\varphi\\\mathrm{d}\omega\\\mathrm{d}\kappa\end{bmatrix}+\begin{bmatrix}c_{17}&c_{18}&c_{19}\\c_{27}&c_{28}&c_{29}\end{bmatrix}\begin{bmatrix}\mathrm{d}f\\\mathrm{d}x_0\\\mathrm{d}y_0\end{bmatrix}-\begin{bmatrix}l_x\\l_y\end{bmatrix}=0 \quad (2-38)$$

由式(2-35)组成误差方程为

$$v_x=c_{11}\mathrm{d}X_S+c_{12}\mathrm{d}Y_S+c_{13}\mathrm{d}Z_S+c_{14}\mathrm{d}\varphi+c_{15}\mathrm{d}\omega+c_{16}\mathrm{d}\kappa+c_{17}\mathrm{d}f+c_{18}\mathrm{d}x_0+c_{19}\mathrm{d}y_0-l_x$$
$$v_y=c_{21}\mathrm{d}X_S+c_{22}\mathrm{d}Y_S+c_{23}\mathrm{d}Z_S+c_{24}\mathrm{d}\varphi+c_{25}\mathrm{d}\omega+c_{26}\mathrm{d}\kappa+c_{27}\mathrm{d}f+c_{28}\mathrm{d}x_0+c_{29}\mathrm{d}y_0-l_y$$

$$(2-39)$$

写成矩阵形式为

$$\boldsymbol{V}=\boldsymbol{C}\boldsymbol{\Delta}+\boldsymbol{L} \qquad (2-40)$$

式中:

$$\boldsymbol{C}=\begin{bmatrix}c_{11}&c_{12}&c_{13}&c_{14}&c_{15}&c_{16}&c_{17}&c_{18}&c_{19}\\c_{21}&c_{22}&c_{23}&c_{24}&c_{25}&c_{26}&c_{27}&c_{28}&c_{29}\end{bmatrix}$$

$$\boldsymbol{\Delta}=[\mathrm{d}X_S \quad \mathrm{d}Y_S \quad \mathrm{d}Z_S \quad \mathrm{d}\varphi \quad \mathrm{d}\omega \quad \mathrm{d}\kappa \quad \mathrm{d}f \quad \mathrm{d}x_0 \quad \mathrm{d}y_0]^{\mathrm{T}}, \boldsymbol{V}=[v_x \quad v_y]^{\mathrm{T}}, \boldsymbol{L}=[l_x \quad l_y]^{\mathrm{T}}$$

法方程为

$$\boldsymbol{C}^{\mathrm{T}}\boldsymbol{C}\boldsymbol{\Delta}+\boldsymbol{C}^{\mathrm{T}}\boldsymbol{L}=\boldsymbol{0} \tag{2-41}$$

2）单片空间后方交会的软件实现

通过 4 个地面控制点和对应的像点坐标，在已知内方位元素的情况下解算影像的外方位元素，利用 MATLAB 实现单片空间后方交会的完整代码如下（调试可运行）：

```
clear;
%输入控制点坐标
X=[2836589.54,2837631.33,2839100.43,2840426.32];
Y=[625273.25,631324.65,624934.88,630319.54];
Z=[219.53,72.87,238.54,75.743];
%4 个控制点坐标对应的像片坐标,单位 mm
x=[-57.43333333,-35.6000000,-9.853333333,6.973333333];
y=[-45.99333333,54.80666667,-51.08666667,42.95333333];
%单位换算成 m
x=x*0.001;y=y*0.001;m=10000;
%内方位元素,单位 m
x0=0;y0=0;f=0.024;
%外方位元素初始化,其中 X 和 Y 分别取 4 个点的均值作为初始值,航高=摄影比例尺*焦距
q=0;w=0;k=0;Z0=m*f;Y0=mean(Y);X0=mean(X);
zy=1;
while 1
%计算旋转矩阵
for i=1:4
  a1=cos(q)*cos(k)-sin(q)*sin(w)*sin(k);
  a2=-cos(q)*sin(k)-sin(q)*sin(w)*cos(k);
  a3=-sin(q)*cos(w);
  b1=cos(w)*sin(k);b2=cos(w)*cos(k);b3=-sin(w);
  c1=sin(q)*cos(k)+cos(q)*sin(w)*sin(k);
  c2=-sin(q)*sin(k)+cos(q)*sin(w)*cos(k);
  c3=cos(q)*cos(w);
  xbar(i)=a1*(X(i)-X0)+b1*(Y(i)-Y0)+c1*(Z(i)-Z0);
  ybar(i)=a2*(X(i)-X0)+b2*(Y(i)-Y0)+c2*(Z(i)-Z0);
  zbar(i)=a3*(X(i)-X0)+b3*(Y(i)-Y0)+c3*(Z(i)-Z0);
  xx(i)=-f*xbar(i)/zbar(i);
  yy(i)=-f*ybar(i)/zbar(i);
  A(2*i-1,1)=(a1*f+a3*xx(i))/zbar(i);
  A(2*i-1,2)=(b1*f+b3*xx(i))/zbar(i);
  A(2*i-1,3)=(c1*f+c3*xx(i))/zbar(i);
  A(2*i-1,4)=yy(i)*sin(w)-(xx(i)/f*(xx(i)*cos(k)-yy(i)*sin(k))+f*cos(k))*cos(w);
  A(2*i-1,5)=-f*sin(k)-xx(i)/f*(xx(i)*sin(k)+yy(i)*cos(k));
  A(2*i-1,6)=yy(i);
  A(2*i,1)=(a2*f+a3*yy(i))/zbar(i);
```

```
    A(2 * i,2)=(b2 * f+b3 * yy(i))/zbar(i);
    A(2 * i,3)=(c2 * f+c3 * yy(i))/zbar(i);
    A(2 * i,4)=-xx(i) * sin(w)-(yy(i)/f * (xx(i) * cos(k)-yy(i) * sin(k))-f * sin(k)) *
cos(w);
    A(2 * i,5)=-f * cos(k)-yy(i)/f * (xx(i) * sin(k)+yy(i) * cos(k));
    A(2 * i,6)=- xx(i);
    L(2 * i-1,1)=x(i)-xx(i);
    L(2 * i-1)=y(i)-yy(i);
end
X1=inv(A' * A) * A' * L;
rX0=X1(1,1);rY0=X1(2,1);rZ0=X1(3,1);
rq=X1(4,1);rw=X1(5,1);rk=X1(6,1);
X0=rX0+X0;Y0=rY0+Y0;Z0=rZ0+Z0;
q=q+rq;k=k+rk;w=w+rw;
zy=zy+1
constant=0.000001;
PD(1)=abs(rq);
PD(2)=abs(rk);
PD(3)=abs(rw);
if PD(1)<constant&&PD(2)<constant&&PD(3)<constant
   break;
end
end
V=A * X1-L;
m0=sqrt((V' * V)/(2 * 4-6));
mi=m0 * sqrt(inv(A' * A));
Out1=[X0,Y0,Z0];
Out2=[q,w,k,m0];
Out3=[a1,a2,a3;b1,b2,b3;c1,c2,c3];
disp('(Xs,Ys,Zs)(单位 m):');
disp(vpa(Out1,8));
disp('phi omg kap ms(弧度)');
disp(Out2);
disp('旋转矩阵=');
disp(Out3);
```

输出结果如下：

(X_s,Y_s,Z_s) (单位 m)：
[2839782.6,627493.73,1558.3588]

phi	omg	kap	ms(弧度)
-0.0007	0.0301	-0.0616	0.0004

旋转矩阵=

0.9981	0.0616	0.0007
-0.0615	0.9977	-0.0301
-0 0026	0.0300	0.9995

三、近景摄影测量双像共面方程及相对定向

1. 双像共面条件

在近景摄影测量中,以单个像对为例,其共面条件方程解算的主要步骤包括:像对的相对定向、计算模型的坐标和该模型的绝对定向。相对定向是建立被测物体几何模型的过程,其原理是利用构成像对的两张像片的内在几何关系,也就是说,利用同名光线共面、对对相交的基本原理完成的。

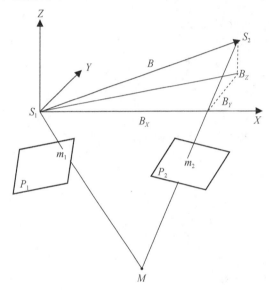

图 2-8　共面条件方程示意图

如图 2-8 所示,使用共面条件方程时,第一步要求每一对像片间能相对定向,可使用下面的条件:

$$\begin{vmatrix} B_X & B_Y & B_Z \\ U & V & W \\ U' & V' & W' \end{vmatrix} = 0 \qquad (2-42)$$

其中,B_X,B_Y,B_Z 为摄影基线分量;U,V,W 和 U',V',W' 分别为左右像片在摄影测量坐标系内的点的坐标。

相应的误差方程为

$$Av + B\overline{\Delta} = l \qquad (2-43)$$

其中,v 是像点坐标的剩余误差矩阵;$\overline{\Delta}$ 为相对定向的待定参数矩阵,待定参数为 U',V',W';A,B 为系数矩阵;l 为常数矩阵。经过解算,可应用前方交会算法。

2. 共面条件方程解算

1）共面条件方程解法

共面条件方程的相对定向解析方法主要有两种,一种是迭代解法,另一种是直接解法。直接解法是通过线性变换直接求解相对定向的元素,不需要知道像片姿态角的初始值,而且计算结果具有确定性,但需要至少9个以上的相对定向点,且这些定向点不能共面。数字影像进行相对定向时可以优先选用迭代解法,但如果迭代解法的计算结果不收敛或者达不到给定的精度要求,就需要再采用直接解法来进行相对定向。

（1）直接线性解法的数学模型

由共面条件方程可以推出直接线性解法的数学模型,以下是推导步骤:

$$F = \begin{vmatrix} B_X & B_Y & B_Z \\ U & V & W \\ U' & V' & W' \end{vmatrix} = 0 \tag{2-44}$$

$$\begin{bmatrix} U \\ V \\ W \end{bmatrix} = \begin{bmatrix} x \\ y \\ -f \end{bmatrix} \quad \begin{bmatrix} U' \\ V' \\ W' \end{bmatrix} = \begin{bmatrix} a'_1 & a'_2 & a'_3 \\ b'_1 & b'_2 & b'_3 \\ c'_1 & c'_2 & c'_3 \end{bmatrix} \begin{bmatrix} x' \\ y' \\ -f \end{bmatrix} = \boldsymbol{R} \begin{bmatrix} x' \\ y' \\ -f \end{bmatrix}$$

其中:

$$\begin{cases} a'_1 = \cos\varphi'\cos\kappa' - \sin\varphi'\sin\omega'\sin\kappa' \\ a'_2 = -\cos\varphi'\sin\kappa' - \sin\varphi'\sin\omega'\cos\kappa' \\ a'_3 = -\sin\varphi'\cos\omega' \\ b'_1 = \cos\omega'\sin\kappa' \\ b'_2 = \cos\omega'\cos\kappa' \\ b'_3 = -\sin\omega' \\ c'_1 = \sin\varphi'\cos\kappa' + \cos\varphi'\sin\omega'\sin\kappa' \\ c'_2 = -\sin\varphi'\sin\kappa' + \cos\varphi'\sin\omega'\cos\kappa' \\ c'_3 = \cos\varphi'\cos\omega' \end{cases}$$

将共面条件方程展开,可得

$$L_1 yx' + L_2 yy' - L_3 yf' + L_4 fx' + L_5 fy' + L_6 ff' + L_7 xx' + L_8 xy' + L_9 xf' = 0 \tag{2-45}$$

等式两边同除以 L_5,可得

$$L_1^0 yx' + L_2^0 yy' - L_3^0 yf' + L_4^0 fx' + L_5^0 fy' + L_6^0 ff' + L_7^0 xx' + L_8^0 xy' + L_9^0 xf' = 0 \tag{2-46}$$

式中，$L_i^0 = L_i/L_5$，$L_5^0 = 1$。上式即是相对定向直接解法的基本数学模型，只需 8 个同名像点的像点坐标值，不需其他任何近似值，即可直接解算 8 个系数 $L_1^0, L_2^0 \cdots, L_9^0$ 了。

（2）直接线性解法的参数解算

由于旋转矩阵 $\boldsymbol{R}$ 本身是一个正交矩阵，故其 9 个元素满足正交矩阵独有的一系列函数关系，可代入式（2-44）进行消元、变形计算，最终得到基线分量、旋转矩阵 $\boldsymbol{R}$ 的计算公式。如果给出 B_x 的初始值，则可以算出基线分量与旋转矩阵 $\boldsymbol{R}$ 中的各个元素的计算公式：

$$\begin{cases} L_5^2 = 2B_X^2 / (L_1^{0^2} + L_2^{0^2} - L_3^{0^2} + L_4^{0^2} + L_5^{0^2} + L_6^{0^2} + L_7^{0^2} + L_8^{0^2} + L_9^{0^2}) \\ L_i = L_i^0 L_5 \\ B_Y = -(L_1 L_7 + L_2 L_8 + L_3 L_9)/B_X \\ B_Z = -(L_4 L_7 + L_5 L_8 + L_6 L_9)/B_X \end{cases} \quad (2-47)$$

$$\begin{cases} a_1 = \dfrac{L_3 L_5 - L_6 L_2 - B_Z L_1 - B_Y L_4}{B_X^2 + B_Y^2 + B_Z^2}; b_1 = \dfrac{B_Y a_1 + L_4}{B_X}; c_1 = \dfrac{B_Z a_1 + L_1}{B_X} \\[3mm] a_2 = \dfrac{L_1 L_6 - L_3 L_4 - B_Z L_2 - B_Y L_5}{B_X^2 + B_Y^2 + B_Z^2}; b_2 = \dfrac{B_Y a_2 + L_5}{B_X}; c_2 = \dfrac{B_Z a_2 + L_2}{B_X} \\[3mm] a_3 = \dfrac{L_2 L_4 - L_1 L_5 - B_Z L_3 - B_Y L_6}{B_X^2 + B_Y^2 + B_Z^2}; b_3 = \dfrac{B_Y a_3 + L_6}{B_X}; c_3 = \dfrac{B_Z a_3 + L_3}{B_X} \end{cases}$$

上式中，L_5 取正、负号均可，但是无论 L_5 取什么符号，都不会影响基线分量 B_Y、B_Z 的值，同时对于旋转矩阵的 9 个参数则会产生不相同的两组解。构成立体像对的条件是在不同的摄站对同一个物体拍摄不同的像片。为了使左右像片能构成立体像对，右像片的角元素 φ、ω 需要满足下列取值范围：$-\pi/2 \leqslant \varphi, \omega \leqslant \pi/2$，此时，在相对定向的模型中，选取左像片的坐标系作为相对定向方位元素的参考坐标系。故可以分别取 L_5 为正号和负号，求解出两组不同的角元素 φ、ω 的值，据此来确定 L_5 的符号。

（3）共面条件方程的迭代解法

利用像片单片空间后方交会法可以解出每张像片的外方位元素，进而解出相对定向元素的初始值。假设左像片的外方位元素为 $X_{S1}, Y_{S1}, \varphi_1, \omega_1', \kappa_1'$，右像片的外方位元素为 $X_{S2}, Y_{S2}, \varphi_2, \omega_2', \kappa_2'$，将右像片的外方位线元素经过空间旋转纳入左像片的像空间辅助坐标系中，就可以得到相对定向线元素的初始值，过程如下：

$$\begin{bmatrix} X_{S2}' \\ Y_{S2}' \\ Z_{S2}' \end{bmatrix} = \boldsymbol{R}_1 \begin{bmatrix} X_{S2} \\ Y_{S2} \\ Z_{S2} \end{bmatrix} \quad (2-48)$$

上式中：

$$R_1 = \begin{bmatrix} a'_1 & a'_2 & a'_3 \\ b'_1 & b'_2 & b'_3 \\ c'_1 & c'_2 & c'_3 \end{bmatrix}$$

经过坐标变换后得到的 B_X, B_Y, B_Z 的初始值为

$$\begin{cases} B_X = X'_{S2} - X_{S2} \\ B_Y = Y'_{S2} - Y_{S2} \\ B_Z = Z'_{S2} - Z_{S2} \end{cases} \tag{2-49}$$

相对定向角元素的初始值则可以由下式近似估算得到：

$$\begin{cases} \varphi = \varphi'_2 - \varphi'_1 \\ \omega' = \omega'_2 - \omega'_1 \\ \kappa' = \kappa'_2 - \kappa'_1 \end{cases} \tag{2-50}$$

将上式线性化，有利于采用迭代解法求解定向元素 $B_Y, B_Z, \varphi, \omega', \kappa'$ 的改正数 ΔB_Y，$\Delta B_Z, \Delta\varphi, \Delta\omega', \Delta\kappa'$ 的值。

$$F = F_0 + \Delta F = \frac{\partial F}{\partial B_Y}\Delta B_Y + \frac{\partial F}{\partial B_Z}\Delta B_Z + \frac{\partial F}{\partial \varphi}\Delta\varphi + \frac{\partial F}{\partial \omega}\Delta\omega' + \frac{\partial F}{\partial \kappa}\Delta\kappa' + F_0 \tag{2-51}$$

上式中的各个偏导数分别为

$$\begin{cases} \dfrac{\partial F}{\partial B_Y} = \begin{vmatrix} 0 & 1 & 0 \\ U & V & W \\ U' & V' & W' \end{vmatrix} = \begin{vmatrix} W & U \\ W' & U' \end{vmatrix} \\[6mm] \dfrac{\partial F}{\partial B_Z} = \begin{vmatrix} 0 & 0 & 1 \\ U & V & W \\ U' & V' & W' \end{vmatrix} = \begin{vmatrix} U & V \\ U' & V' \end{vmatrix} \end{cases} \tag{2-52}$$

因为 F 是 U', V', W' 的函数，同时 U', V', W' 又是 $\varphi, \omega', \kappa'$ 的函数，故若想求 F 对 φ，ω', κ' 的偏导数，应首先求出 U', V', W' 对 $\varphi, \omega', \kappa'$ 的偏导数：

$$\begin{bmatrix} U' \\ V' \\ W' \end{bmatrix} = \begin{bmatrix} a'_1 & a'_2 & a'_3 \\ b'_1 & b'_2 & b'_3 \\ c'_1 & c'_2 & c'_3 \end{bmatrix} \begin{bmatrix} x' \\ y' \\ -f \end{bmatrix} \tag{2-53}$$

式中，$x', y', -f$ 是右像片的像点在像空间坐标系内的坐标值。

根据上式可知：

$$\begin{cases} \dfrac{\partial U'}{\partial \varphi} = \dfrac{\partial a_1}{\partial \varphi}x' + \dfrac{\partial a_2}{\partial \varphi}y' + \dfrac{\partial a_3}{\partial \varphi}(-f) = -c'_1 x' - c_2 y' - c'_3(-f) = W \\[4mm] \dfrac{\partial U'}{\partial \varphi} = \dfrac{\partial a_1}{\partial \omega}x' + \dfrac{\partial a_2}{\partial \omega}y' + \dfrac{\partial a_3}{\partial \omega}(-f) = -\sin\varphi[b'_1 x' + b'_2 y' + b'_3(-f)] = V'\sin\varphi \end{cases} \tag{2-54}$$

同理可得其他摄影测量坐标 U',V',W' 对角元素 φ,ω',κ' 的偏导数为

$$\begin{bmatrix} \dfrac{\partial U'}{\partial \varphi} & \dfrac{\partial U'}{\partial \omega'} & \dfrac{\partial U'}{\partial \kappa'} \\[2mm] \dfrac{\partial V'}{\partial \varphi} & \dfrac{\partial V'}{\partial \omega'} & \dfrac{\partial V'}{\partial \kappa'} \\[2mm] \dfrac{\partial W'}{\partial \varphi} & \dfrac{\partial W'}{\partial \omega'} & \dfrac{\partial W'}{\partial \kappa'} \end{bmatrix} = \begin{bmatrix} -W' & -V'\sin\varphi & -V'\cos\varphi\cos\omega'-W'\sin\omega' \\[2mm] 0 & U'\sin\varphi-W'\cos\varphi & U'\cos\varphi\cos\omega'+W'\sin\varphi\cos\omega' \\[2mm] U' & V'\cos\varphi & U'\sin\omega'-V'\sin\varphi\cos\omega' \end{bmatrix}$$

$$(2-55)$$

所以，F 对 φ,ω',κ' 的偏导数为

$$\begin{cases} \dfrac{\partial F}{\partial \varphi} = \begin{vmatrix} B_X & B_Y & B_Z \\[1mm] U & V & W \\[1mm] \dfrac{\partial U'}{\partial \varphi} & \dfrac{\partial V'}{\partial \varphi} & \dfrac{\partial W'}{\partial \varphi} \end{vmatrix} = \begin{vmatrix} B_X & B_Y & B_Z \\[1mm] U & V & W \\[1mm] -W' & 0 & U' \end{vmatrix} \\[10mm] \dfrac{\partial F}{\partial \omega'} = \begin{vmatrix} B_X & B_Y & B_Z \\[1mm] U & V & W \\[1mm] \dfrac{\partial U'}{\partial \omega'} & \dfrac{\partial V'}{\partial \omega'} & \dfrac{\partial W'}{\partial \omega'} \end{vmatrix} = \begin{vmatrix} B_X & B_Y & B_Z \\[1mm] U & V & W \\[1mm] -V'\sin\varphi & U'\sin\varphi-W'\cos\varphi & V'\cos\varphi \end{vmatrix} \\[10mm] \dfrac{\partial F}{\partial \kappa'} = \begin{vmatrix} B_X & B_Y & B_Z \\[1mm] U & V & W \\[1mm] \dfrac{\partial U'}{\partial \kappa'} & \dfrac{\partial V'}{\partial \kappa'} & \dfrac{\partial W'}{\partial \kappa'} \end{vmatrix} = \begin{vmatrix} B_X & B_Y & B_Z \\[1mm] U & V & W \\[1mm] \left\{\begin{matrix}-V'\cos\varphi\cos\omega'\\-W'\sin\omega'\end{matrix}\right\} & \left\{\begin{matrix}U'\cos\varphi\cos\omega'\\+W'\sin\varphi\cos\omega'\end{matrix}\right\} & \left\{\begin{matrix}U'\sin\omega'\\-V'\sin\varphi\cos\omega'\end{matrix}\right\} \end{vmatrix} \end{cases}$$

$$(2-56)$$

以上这些严格的偏导数关系式适用于 φ,ω',κ' 为大角度的情况。

相对定向元素的解算应在多余观测时应用，即在超过 5 个像点时应用最小二乘法进行平差。因为观测值是像点坐标，其改正数为 v_x,v_y,v'_x,v'_y，有

$$F = F_0 + \Delta F + \frac{\partial F}{\partial x}v_x + \frac{\partial F}{\partial y}v_y + \frac{\partial F}{\partial x'}v'_x + \frac{\partial F}{\partial y'}v'_y \qquad (2-57)$$

由式(2-57)和式(2-51)可以得到

$$\frac{\partial F}{\partial x}v_x + \frac{\partial F}{\partial y}v_y + \frac{\partial F}{\partial x'}v'_x + \frac{\partial F}{\partial y'}v'_y = \frac{\partial F}{\partial B_Y}\Delta B_Y + \frac{\partial F}{\partial B_Z}\Delta B_Z + \frac{\partial F}{\partial \varphi}\Delta\varphi + \frac{\partial F}{\partial \omega'}\Delta\omega' + \frac{\partial F}{\partial \kappa'}\Delta\kappa' + F_0$$

$$(2-58)$$

式中：

$$\begin{cases} \dfrac{\partial F}{\partial x} = \begin{vmatrix} B_X & B_Y & B_Z \\ a_1 & b_1 & c_1 \\ U' & V' & W' \end{vmatrix} \\[3em] \dfrac{\partial F}{\partial y} = \begin{vmatrix} B_X & B_Y & B_Z \\ a_2 & b_2 & c_2 \\ U' & V' & W' \end{vmatrix} \\[3em] \dfrac{\partial F}{\partial x'} = \begin{vmatrix} B_X & B_Y & B_Z \\ a'_1 & b'_1 & c'_1 \\ U' & V' & W' \end{vmatrix} \\[3em] \dfrac{\partial F}{\partial y'} = \begin{vmatrix} B_X & B_Y & B_Z \\ a'_2 & b'_2 & c'_2 \\ U' & V' & W' \end{vmatrix} \end{cases}$$

以矩阵形式来表示误差方程式,则有

$$AV + B\Delta = L \tag{2-59}$$

这里 V 是像点坐标的改正数矩阵;Δ 为相对定向的改正数矩阵;A 和 B 为系数矩阵;L 是常数项矩阵,是迭代计算式中的近似值,在计算过程中所需要的定向元素按下式计算:

$$\begin{cases} B_Y = B_Y^0 + \Delta B'_Y + \Delta B''_Y \\ B_Z = B_Z^0 + \Delta B'_Z + \Delta B''_Z \\ \varphi' = \varphi^0 + \Delta\varphi' + \Delta\varphi'' \\ \cdots\cdots \end{cases} \tag{2-60}$$

在进行相对定向时,需要事先给定各个相对定向元素的起始近似值($B_Y, B_Z, \varphi, \omega'$, κ')。在进行相对定向后,按照常规的摄影测量前方交会方法计算,可以得到模型点的摄影测量坐标(X', Y', Z'),即

$$\begin{bmatrix} X' \\ Y' \\ Z' \end{bmatrix} = N_1 \begin{bmatrix} U \\ V \\ W \end{bmatrix} = N_1 \boldsymbol{R}_1 \begin{bmatrix} x_1 \\ y_1 \\ -f \end{bmatrix} \tag{2-61}$$

上式中,(X', Y', Z')表示以左摄站作为原点的摄影测量坐标,(U, V, W)和($x_1, y_1, -f$)分别表示左像片是上像点的摄影测量坐标及其像空间坐标,$\boldsymbol{R}_1$ 表示左像片在摄影测量坐标系中的旋转矩阵,N_1 表示投影系数。

3. 相对定向迭代解法的软件实现

在已经匹配出来的同名像点中,精选 26 个像点用于实现相对定向代码调试(如

图 2-9 所示），数据已经嵌入源码，代码可运行。

图 2-9 影像匹配获取同名像点

程序源码如下（调试可运行）：

```
clearall;
clc;
//初始化内参数
f=0.024;x0=-0.002;y0=0.002;
NumL0=[1,2,3,4,5,6,7,8,9,10,11,12,13,14,15,16,17,18,19,20,21,22,23,24,25,26];
XL0=[-7.199,-1.984,2.658,22.589,3.566,21.965,3.178,15.970,24.850,28.863,-3.068,
10.001,22.067,9.449,16.202,2.962,10.381,14.851,22.883,3.043,3.566,21.965,3.178,
15.970,24.850,28.863];
YL0=[-26.879,17.390,17.829,16.895,10.678,8.266,5.438,4.047,4.096,3.910,-2.490,
-1.960,-3.110,-8.712,-8.665,-17.067,-16.861,-18.346,-17.303,-21.145,10.678,
8.266,5.438,4.047,4.096,3.910];
NumL=NumL0';XL=XL0';YL=YL0';
NumR0=[1,2,3,4,5,6,7,8,9,10,11,12,13,14,15,16,17,18,19,20,21,22,23,24,25,26];
XR0=[-28.640,-24.457,-19.854,-0.138,-18.909,-0.363,-19.143,-6.212,2.582,6.644,
-24.986,-11.978,0.064,-12.245,-5.535,-18.599,-11.237,-6.807,1.270,-18.448,
-18.909,-0.363,-19.143,-6.212,2.582,6.644];
YR0=[-27.638,16.871,17.415,16.932,10.284,8.299,5.033,3.942,4.194,4.107,-3.050,
-2.211,-3.080,-8.988,-8.782,-17.526,-17.139,-18.526,-17.282,-21.617,10.284,
8.299,5.033,3.942,4.194,4.107];
NumR=NumR0';XR=XR0';YR=YR0';
L_photo=[NumL,XL,YL];R_photo=[NumR,XR,YR];
phiR=0;wR=0;kappaR=0;
u=0;v=0;num=1;
RR=zeros(3,3);Q=zeros(26,1);a=zeros(26,5);
i=1;dx=zeros(5,1);
while i==1||abs(dx(1,1))>0.0003||abs(dx(2,1))>0.0003||abs(dx(3,1))>0.0003||
abs(dx(4,1))>0.0003||abs(dx(5,1))>0.0003
for num=1:26
//旋转矩阵
```

```
RR(1,1)=cos(phiR) * cos(kappaR)-sin(phiR) * sin(wR) * sin(kappaR);
RR(1,2)=-cos(phiR) * sin(kappaR)-sin(phiR) * sin(wR) * cos(kappaR);
RR(1,3)=-sin(phiR) * cos(wR);
RR(2,1)=cos(wR) * sin(kappaR);
RR(2,2)=cos(wR) * cos(kappaR);
RR(2,3)=-sin(wR);
RR(3,1)=sin(phiR) * cos(kappaR)+cos(phiR) * sin(wR) * sin(kappaR);
RR(3,2)=-sin(phiR) * sin(kappaR)+cos(phiR) * sin(wR) * cos(kappaR);
RR(3,3)=cos(phiR) * cos(wR);
bx=XL(num,1)-XR(num,1);
LP=[XL(num,1)-x0,YL(num,1)-y0,-f];
rp=[XR(num,1)-x0,YR(num,1)-y0,-f];
RP=RR * rp';by=bx * u;bz=bx * v;
N1=(bx * RP(3,1)-bz * RP(1,1))/(LP(1,1) * RP(3,1)-RP(1,1) * LP(1,3));
N2=(bx * LP(1,3)-bz * LP(1,1))/(LP(1,1) * RP(3,1)-RP(1,1) * LP(1,3));
Q(num,1)=N1 * (YL(num,1)-x0)-N2 * RP(2,1)-by;
a(num,1)=-RP(1,1) * RP(2,1) * N2/RP(3,1);
a(num,2)=-N2 * (RP(3,1)+(RP(2,1)^2)/RP(3,1));
a(num,3)=N2 * RP(1,1);
a(num,4)=bx;
a(num,5)=-RP(2,1) * bx/RP(3,1);
end
    dx= ((inv(a' * a)) * a') * Q;
    phiR=phiR+dx(1,1);wR=wR+dx(2,1);kappaR= kappaR+dx(3,1);
    u=u+dx(4,1);v=v+dx(5,1);i=i+1;
end
phig=dx(1,1);wg=dx(2,1);kappag=dx(3,1);ug=dx(4,1);vg=dx(5,1);
%prescrees dx
V=a * dx-Q;Qii=inv(a' * a);
m0=sqrt((V' * V)/15);
mi=m0 * sqrt(Qii);
disp(['loop times£°',num2str(i),'times']);
disp(['Rphi= ',num2str(phiR)]);
disp(['Romg= ',num2str(wR)]);
disp(['Rklp= ',num2str(kappaR)]);
disp(['u= ',num2str(u)]);
disp(['v= ',num2str(v)]);
disp(['diff',num2str(m0)]);
disp('error value:');
disp(mi);
```

程序输出结果如下：

```
loop tines: 3times
Rphi=9.9045e-07
Romg=1.578e-06
Rklp=-0.023524
u=-0.0013916
```

```
v=-1.2304e-06
diff 0.0017696
error value:
  1.0e-04 *
```

0.0007+0.0000i	0.0000+0.0003i	0.0000+0.0068i	0.0000+0.0018i	0.0005+0.0000i
0.0000+0.0003i	0.0006+0.0000i	0.0107+0.0000i	0.0000+0.0077i	0.0002+0.0000i
0.0000+0.0068i	0.0107+0.0000i	0.3829+0.0000i	0.1821+0.0000i	0.0000+0.0041i
0.0000+0.0018i	0.0000+0.0077i	0.1821+0.0000i	0.2368+0.0000i	0.0000+0.0050i
0.0005+0.0000i	0.0002+0.0000i	0.0000+0.0041i	0.0000+0.0050i	0.0006+0.0000i

4. 双目三维坐标摄影测量数学模型——前方交会

1）前方交会原理

如图 2-10 所示，设左相机像空间坐标系 $O_1-x_1y_1z_1$ 与物方坐标系重合，图像坐标系为 $o_1-x_1y_1$，有效焦距为 f_1；右相机像空间坐标系 $O_r-x_ry_rz_r$，图像坐标系为 $o_r-x_ry_r$，有效焦距为 f_r。设物方点 P 在 $O_1-x_1y_1z_1$ 中的坐标为 (X,Y,Z)，它在左像片中的对应像点 p_1 在 $O_1-x_1y_1z_1$ 中的坐标为 $(x_1,y_1,-f_1)$，它在右像片中的对应像点 p_r 在 $O_r-x_ry_rz_r$ 中的坐标为 $(x_r,y_r,-f_r)$。

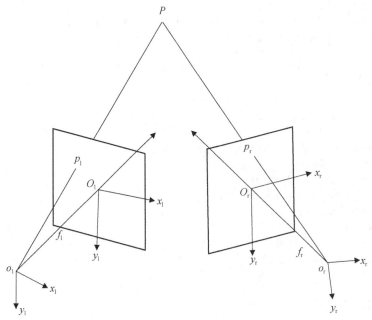

图 2-10 双目三维坐标测量

对于左像片，由 o_1,p_1 和 P 三点共线有

$$\frac{x_1}{X}=\frac{y_1}{Y}=\frac{-f_1}{Z}$$

(2-62)

即

$$x_1 = -f_1\frac{X}{Z}, \quad y_1 = -f_1\frac{Y}{Z}$$

对于右像片，由 o_r，p_r 和 P 三点共线有

$$\frac{x_r}{X'} = \frac{y_r}{Y'} = \frac{-f_r}{Z'} \tag{2-63}$$

其中，(X', Y', Z') 为点 P 在 $O_r - x_r y_r z_r$ 坐标系中的坐标，即

$$x_r = -f_r\frac{X'}{Z'}, \quad y_r = -f_r\frac{Y'}{Z'} \tag{2-64}$$

而 $O_1 - x_1 y_1 z_1$ 坐标系与 $O_r - x_r y_r z_r$ 坐标系之间的相互位置关系可通过旋转实现。设

$$\boldsymbol{R} = \begin{bmatrix} a_1 & b_1 & c_1 \\ a_2 & b_2 & c_2 \\ a_3 & b_3 & c_3 \end{bmatrix}, \boldsymbol{T} = \begin{bmatrix} T_x \\ T_y \\ T_z \end{bmatrix}$$ 分别为 $O_1 - x_1 y_1 z_1$ 坐标系与 $O_r - x_r y_r z_r$ 坐标系之间的旋转矩

阵和平移矩阵，则有

$$\begin{bmatrix} X \\ Y \\ Z \end{bmatrix} = \boldsymbol{R}\begin{bmatrix} X' - T_x \\ Y' - T_y \\ Z' - T_z \end{bmatrix} \tag{2-65}$$

代入式(2-64)得

$$\begin{cases} x_r = -f_1\dfrac{a_1(X-T_x)+b_1(Y-T_y)+c_1(Z-T_z)}{a_3(X-T_x)+b_3(Y-T_y)+c_3(Z-T_z)} \\ y_r = -f_r\dfrac{a_2(X-T_x)+b_2(Y-T_y)+c_2(Z-T_z)}{a_3(X-T_x)+b_3(Y-T_y)+c_3(Z-T_z)} \end{cases} \tag{2-66}$$

所以当知道相机参数(包括焦距)、待测空间点在左右像片中的图像坐标、旋转矩阵 $\boldsymbol{R}$ 和 $\boldsymbol{T}$ 时，就可以得到待测空间点的三维坐标。

2) 前方交会代码实现(调试可运行)

(1) 数据准备

准备左右像片的同名点的像片坐标，坐标原点位于影像中心，将下列数据保存成左右像片文件，文件名为 x1yx_x2y2.txt，以在程序运行过程中调用：

```
-7713.2      75440.8      -89866.7      79229.6
-18970.7     2361.9       -107490.6     6048.2
5698.2       -74078       -81310.1      -70991.5
84882.3      -90024.3     -2425.5       -89257.2
```

（2）MATLAB前方交会源码和嵌入的实验数据

```
clear;
  a0z=-121.766062;a1z=0.027976;a2z=0.000523;
  b0z=115.125954;b1z=0.000516;b2z=-0.027982;
  a0y=-121.642018;a1y=0.027976;a2y=0.000607;
  b0y=115.321828;b1y=0.000600;b2y=-0.027981;
  Xsz=501257.416158;
  Ysz=543170.797562;
  Zsz=911.522700;
  faiz=0.040643;
  omgz=-0.014540;
  kabz=-0.013461;
  fz=0.210681000;
  Xsy=500934.463445;
  Ysy=543180.119596;
  Zsy=910.372341;
  faiy=0.028448;
  omgy=-0.012638;
  kaby=-0.050018;
  fy=0.210681000;
  a1=cos(faiz)*cos(kabz)-sin(faiz)*sin(omgz)*sin(kabz);
  a2=-cos(faiz)*sin(kabz)-sin(faiz)*sin(omgz)*cos(kabz);
  a3=-sin(faiz)*cos(omgz);
  b1=cos(omgz)*sin(kabz);
  b2=cos(omgz)*cos(kabz);
  b3=-sin(omgz);
  c1=sin(faiz)*cos(kabz)+cos(faiz)*sin(omgz)*sin(kabz);
  c2=-sin(faiz)*sin(kabz)+cos(faiz)*sin(omgz)*cos(kabz);
  c3=cos(faiz)*cos(omgz);
  rz=[a1,a2,a3;b1,b2,b3;c1,c2,c3];
  a1=cos(faiy)*cos(kaby)-sin(faiy)*sin(omgy)*sin(kaby);
  a2=-cos(faiy)*sin(kaby)-sin(faiy)*sin(omgy)*cos(kaby);
  a3=-sin(faiy)*cos(omgy);
  b1=cos(omgy)*sin(kaby);
  b2=cos(omgy)*cos(kaby);
  b3=-sin(omgy);
  c1=sin(faiy)*cos(kaby)+cos(faiy)*sin(omgy)*sin(kaby);
  c2=-sin(faiy)*sin(kaby)+cos(faiy)*sin(omgy)*cos(kaby);
  c3=cos(faiy)*cos(omgy);
  ry=[a1,a2,a3;b1,b2,b3;c1,c2,c3];
  bx=Xsy-Xsz;by=Ysy-Ysz;bz=Zsy-Zsz;
  [f,p]=uigetfile('*.txt','左右像点坐标');
  txt=strcat(p,f);
  fp=fopen(txt,'rt');i=0;
  fp1=fopen('c:\points.txt','wt');%保存计算结果文件;
while ~feof(fp)
  i=i+1;xxs1=fscanf(fp,'%f',1);yxs1=fscanf(fp,'%f',1);xxs2=fscanf(fp,'%f',1);
```

```
yxs2=fscanf(fp,'%f',1);
  if ~xxs1
    break;
  end
x1=a0z+ a1z*xxs1+ a2z*yxs1;y1=b0z+ b1z*xxs1+ b2z*yxs1;x1=x1/1000;y1=
y1/1000;
x2=a0y+ a1y*xxs2+ a2y*yxs2;y2=b0y+ b1y*xxs2+ b2y*yxs2;x2=x2/1000;y2=
y2/1000;
  zb1=rz*[x1;y1;-fz];zb2=ry*[x2;y2;-fy];
  X1=zb1(1);Y1=zb1(2);Z1=zb1(3);X2=zb2(1);Y2=zb2(2);Z2=zb2(3);
  n1=(bx*Z2-bz*X2)/(X1*Z2-Z1*X2);
  n2=(bx*Z1-bz*X1)/(X1*Z2-Z1*X2);
  dy=n1*Y1-n2*Y2-by;
  x=Xsz+ n1*X1;y=Ysz+ (n1*Y1+ n2*Y2+ by)/2;z=Zsz+ n1*Z1;
  fprintf('X=%f\t',x);fprintf('Y=%f\t',y);fprintf('Z=%f\n',z);
  fprintf(fp1,'%s\n','XYZ:');
  fprintf(fp1,'dY=%f\n',dy);
fprintf(fp1,'X=%f\t',x);fprintf(fp1,'Y=%f\t',y);fprintf(fp1,'Z=%f\n',z);
end
  fclose(fp1);
  fclose(fp);
```

3）输出结果

```
>>foreinteraction_lianxu
X=501316.130281     Y=543504.287439     Z=947.545837
X=501366.467310     Y=543169.193447     Z=951.913993
X=501251.031777     Y=542845.154381     Z=951.800628
X=500944.372219     Y=542868.941789     Z=933.488039
```

四、近景摄影测量绝对定向

1. 解析法绝对定向

相对定向建立的立体模型是一个以相对定向中选定的像空间辅助坐标系为基准的模型，比例尺也是未知的。要确定立体模型在地面测量坐标系中的正确位置，则需要把模型点的摄影测量坐标转化为地面测量坐标，这一工作需要借助地面测量坐标为已知值的地面控制点来进行，称为立体模型的绝对定向。所以，解析法绝对定向的目的就是将相对定向后求出的摄影测量坐标变换为地面测量坐标。

模型的绝对定向要求变换前后两坐标系的轴系大致相同。地面测量坐标系是左手直角坐标系，摄影测量坐标系则是右手直角坐标系，因此，首先应将地面测量坐标系变换为地面摄影测量坐标系。

我们知道，一个像对的两张像片有 12 个外方位元素。相对定向求得 5 个元素后，要恢复像对的绝对位置，还要解求 7 个绝对定向元素，包括模型的旋转、平移和缩放。它需要地面控制点来解算，这种坐标变换在数学上表示为一个不同原点的三维空间相似变换，其公式为

$$
\begin{bmatrix} X_{tp} \\ Y_{tp} \\ Z_{tp} \end{bmatrix} = \lambda \begin{bmatrix} a_1 & b_1 & c_1 \\ a_2 & b_2 & c_2 \\ a_3 & b_3 & c_3 \end{bmatrix} \begin{bmatrix} X_p \\ Y_p \\ Z_p \end{bmatrix} + \begin{bmatrix} \Delta X \\ \Delta Y \\ \Delta Z \end{bmatrix}
\tag{2-67}
$$

式中：(X_{tp}, Y_{tp}, Z_{tp})——模型点的地面摄影测量坐标；

$\quad\quad (X_p, Y_p, Z_p)$——同一模型点的摄影测量坐标；

$\quad\quad \lambda$——模型缩放比例因子；

$\quad\quad a_1, b_1, \cdots, c_3$——坐标轴系 Φ, Ω, K 三个旋转角的方向余弦；

$\quad\quad (\Delta X, \Delta Y, \Delta Z)$——坐标原点的平移量，将 7 个参数 $\Delta X, \Delta Y, \Delta Z, \Phi, \Omega, K, \lambda$ 称为绝对定向元素。

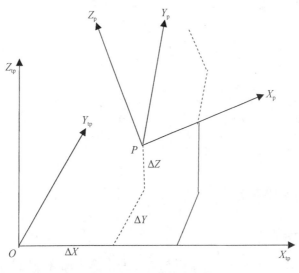

图 2-11　空间相似变化

式(2-67)即解析法绝对定向的基本公式，利用地面控制点解算绝对定向元素时，控制点的地面摄影测量坐标(X_{tp}, Y_{tp}, Z_{tp})为已知值，摄影测量坐标(X_p, Y_p, Z_p)为计算值，式中只有 7 个绝对定向元素为未知数。

式(2-67)为一非线性函数，为方便计算，需要将该式线性化。为此，引入 7 个绝对定向元素的初始值即改正数：

$$\begin{cases} \Delta X = \Delta X_0 + \mathrm{d}\Delta X \\ \Delta Y = \Delta Y_0 + \mathrm{d}\Delta Y \\ \Delta Z = \Delta Z_0 + \mathrm{d}\Delta Z \\ \Phi = \Phi_0 + \mathrm{d}\Phi \\ \Omega = \Omega_0 + \mathrm{d}\Omega \\ K = K_0 + \mathrm{d}K \\ \lambda = \lambda_0 + \mathrm{d}\lambda \end{cases}$$

将上式代入式(2-67)，按泰勒级数展开，取一次项得

$$F = F_0 + \frac{\partial F}{\partial \lambda}\mathrm{d}\lambda + \frac{\partial F}{\partial \Phi}\mathrm{d}\Phi + \frac{\partial F}{\partial \Omega}\mathrm{d}\Omega + \frac{\partial F}{\partial K}\mathrm{d}K + \frac{\partial F}{\partial \Delta X}\mathrm{d}\Delta X + \frac{\partial F}{\partial \Delta Y}\mathrm{d}\Delta Y + \frac{\partial F}{\partial \Delta Z}\mathrm{d}\Delta Z$$

$$(2-68)$$

2. 绝对定向元素的解算

式(2-68)中有 7 个未知数，至少需列 7 个方程。若将已知平面坐标(X_{tp}, Y_{tp})和高程(Z_{tp})的地面控制点称为平高控制点，仅已知高程的地面控制点称为高程控制点，则至少需要两个平高控制点和一个高程控制点，而且三个控制点不能在一条直线上。生产中，一般是在模型四角布设 4 个控制点，因此有多余的 1 个控制点。列控制点误差方程如下：

$$-\lambda_0 \boldsymbol{R}\begin{bmatrix} V_X \\ V_Y \\ V_Z \end{bmatrix} = \begin{bmatrix} \mathrm{d}\lambda & \mathrm{d}K & \mathrm{d}\Phi \\ \mathrm{d}K & \mathrm{d}\lambda & \mathrm{d}\Omega \\ \mathrm{d}\Phi & \mathrm{d}\Omega & \mathrm{d}\lambda \end{bmatrix}\lambda_0\begin{bmatrix} X_p \\ Y_p \\ Z_p \end{bmatrix} + \begin{bmatrix} \mathrm{d}\Delta X \\ \mathrm{d}\Delta Y \\ \mathrm{d}\Delta Z \end{bmatrix} - \begin{bmatrix} l_X \\ l_Y \\ l_Z \end{bmatrix} \qquad (2-69)$$

将$-\lambda_0 \boldsymbol{R}\begin{bmatrix} V_X \\ V_Y \\ V_Z \end{bmatrix}$写成$\begin{bmatrix} V_X \\ V_Y \\ V_Z \end{bmatrix}$，而$\lambda_0\begin{bmatrix} X_p \\ Y_p \\ Z_p \end{bmatrix}$写成$\begin{bmatrix} X_p \\ Y_p \\ Z_p \end{bmatrix}$并代入上式，写成误差方程式得

$$\begin{bmatrix} V_X \\ V_Y \\ V_Z \end{bmatrix} = \begin{bmatrix} 1 & 0 & 0 & X_p & -Z_p & 0 & -Y_p \\ 0 & 1 & 0 & Y_p & 0 & -Z_p & Z_p \\ 0 & 0 & 1 & Z_p & X_p & Y_p & 0 \end{bmatrix} + \begin{bmatrix} \mathrm{d}\Delta X \\ \mathrm{d}\Delta Y \\ \mathrm{d}\Delta Z \\ \mathrm{d}\lambda \\ \mathrm{d}\Phi \\ \mathrm{d}\Omega \\ \mathrm{d}K \end{bmatrix} - \begin{bmatrix} l_X \\ l_Y \\ l_Z \end{bmatrix} \qquad (2-70)$$

式中：

$$\begin{bmatrix} l_X \\ l_Y \\ l_Z \end{bmatrix} = \begin{bmatrix} X_{tp} \\ Y_{tp} \\ Z_{tp} \end{bmatrix} - \lambda_0 \boldsymbol{R}_0 \begin{bmatrix} X_p \\ Y_p \\ Z_p \end{bmatrix} - \begin{bmatrix} d\Delta X \\ d\Delta Y \\ d\Delta Z \end{bmatrix}$$

对每一个平高控制点,按式(2-70)列出一组误差方程。如有 n 个平高控制点,可列出两组误差方程,组成总误差方程并法化,得到法方程,经解算后得到初始值的改正数 $d\Delta X$, $d\Delta Y$, $d\Delta Z$, $d\lambda$, $d\Phi$, $d\Omega$, dK,与初始值相加后得到新的近似值。将此近似值再次作为初始值,重新建立误差方程并法化,再次解算改正数。如此循环反复,直到改正数小于规定的限差为止,由此得出绝对定向元素。实际绝对定向计算中,为了简便计算,常选模型的重心为坐标系的原点,其中:

$$\Delta X = \Delta X_0 + d\Delta X_1 + d\Delta X_2 + \cdots$$

$$\Delta Y = \Delta Y_0 + d\Delta Y_1 + d\Delta Y_2 + \cdots$$

$$\Delta Z = \Delta Z_0 + d\Delta Z_1 + d\Delta Z_2 + \cdots$$

$$\lambda = \lambda_0 + d\lambda_1 + d\lambda_2 + \cdots$$

$$\Phi = \Phi_0 + d\Phi_1 + d\Phi_2 + \cdots$$

$$\Omega = \Omega_0 + d\Omega_1 + d\Omega_2 + \cdots$$

$$K = K_0 + dK_1 + dK_2 + \cdots$$

用下标带 g 的坐标表示以重心为原点的坐标,称为重心化坐标。重心的坐标是对参加解算绝对定向元素的控制点取其算术平均值求出的。模型点的重心坐标由各控制点的摄影测量坐标求出:

$$\begin{cases} X_{pg} = \dfrac{\sum\limits_1^n X_p}{n} \\[3ex] Y_{pg} = \dfrac{\sum\limits_1^n Y_p}{n} \\[3ex] Z_{pg} = \dfrac{\sum\limits_1^n Z_p}{n} \end{cases} \qquad (2-71)$$

相应的重心化坐标为

$$\begin{cases} \overline{X}_p = X_p - X_{pg} \\ \overline{Y}_p = Y_p - Y_{pg} \\ \overline{Z}_p = Z_p - Z_{pg} \end{cases} \qquad (2-72)$$

同理,控制点的地面摄影测量重心坐标为

$$
\begin{cases}
X_{\mathrm{tpg}} = \dfrac{\sum\limits_{1}^{n} X_{\mathrm{tp}}}{n} \\[4mm]
Y_{\mathrm{tpg}} = \dfrac{\sum\limits_{1}^{n} Y_{\mathrm{tp}}}{n} \\[4mm]
Z_{\mathrm{tpg}} = \dfrac{\sum\limits_{1}^{n} Z_{\mathrm{tp}}}{n}
\end{cases}
\tag{2-73}
$$

重心化的地面摄影测量坐标为

$$
\begin{cases}
\overline{X}_{\mathrm{tp}} = X_{\mathrm{tp}} - X_{\mathrm{tpg}} \\
\overline{Y}_{\mathrm{tp}} = Y_{\mathrm{tp}} - Y_{\mathrm{tpg}} \\
\overline{Z}_{\mathrm{tp}} = Z_{\mathrm{tp}} - Z_{\mathrm{tpg}}
\end{cases}
\tag{2-74}
$$

重心化坐标代入绝对定向的基本公式(2-67)得

$$
\begin{bmatrix} \overline{X}_{\mathrm{tp}} \\ \overline{Y}_{\mathrm{tp}} \\ \overline{Z}_{\mathrm{tp}} \end{bmatrix}
= \lambda \boldsymbol{R}
\begin{bmatrix} \overline{X}_{\mathrm{p}} \\ \overline{Y}_{\mathrm{p}} \\ \overline{Z}_{\mathrm{p}} \end{bmatrix}
+ \begin{bmatrix} \Delta X \\ \Delta Y \\ \Delta Z \end{bmatrix}
\tag{2-75}
$$

得到用重心化坐标表示的误差方程为

$$
\begin{bmatrix} V_X \\ V_Y \\ V_Z \end{bmatrix}
= \begin{bmatrix}
1 & 0 & 0 & \overline{X}_{\mathrm{p}} & -\overline{Z}_{\mathrm{p}} & 0 & -\overline{Y}_{\mathrm{p}} \\
0 & 1 & 0 & \overline{Y}_{\mathrm{p}} & 0 & -\overline{Z}_{\mathrm{p}} & \overline{Z}_{\mathrm{p}} \\
0 & 0 & 1 & \overline{Z}_{\mathrm{p}} & \overline{X}_{\mathrm{p}} & \overline{Y}_{\mathrm{p}} & 0
\end{bmatrix}
\begin{bmatrix} \mathrm{d}\Delta X \\ \mathrm{d}\Delta Y \\ \mathrm{d}\Delta Z \\ \mathrm{d}\lambda \\ \mathrm{d}\Phi \\ \mathrm{d}\Omega \\ \mathrm{d}K \end{bmatrix}
- \begin{bmatrix} l_X \\ l_Y \\ l_Z \end{bmatrix}
\tag{2-76}
$$

其中:

$$
\begin{bmatrix} l_X \\ l_Y \\ l_Z \end{bmatrix}
= \begin{bmatrix} \overline{X}_{\mathrm{tp}} \\ \overline{Y}_{\mathrm{tp}} \\ \overline{Z}_{\mathrm{tp}} \end{bmatrix}
- \lambda_0 \boldsymbol{R}_0
\begin{bmatrix} \overline{X}_{\mathrm{p}} \\ \overline{Y}_{\mathrm{p}} \\ \overline{Z}_{\mathrm{p}} \end{bmatrix}
- \begin{bmatrix} \mathrm{d}\Delta X \\ \mathrm{d}\Delta Y \\ \mathrm{d}\Delta Z \end{bmatrix}
\tag{2-77}
$$

求出绝对定向元素以后,将未知点的重心化摄影测量坐标$(\overline{X}_{\mathrm{p}},\overline{Y}_{\mathrm{p}},\overline{Z}_{\mathrm{p}})$代入式(2-75),求出相应的重心化地面摄影测量坐标$(\overline{X}_{\mathrm{tp}},\overline{Y}_{\mathrm{tp}},\overline{Z}_{\mathrm{tp}})$,然后由式(2-74)反算求出地面摄影

测量坐标(X_{tp}, Y_{tp}, Z_{tp})，最后将地面摄影测量坐标转换为地面测量坐标。

3. 绝对定向的软件实现

1）数据准备

总共需要准备 3 个文件。

（1）地面控制点文件 gcp. txt,格式如下：

2892611.2830	664768.7000	986.9510
2892944.6200	665067.6050	980.2690
2892731.2060	664917.4730	995.85
2892837.1173	664825.1363	995.1597

（2）控制点对应立体模型文件 gcp-model. txt,格式如下：

4768.7000	611.2830	86.9510
5067.6050	944.6200	80.2690
4917.4730	731.2060	95.85
4825.1363	837.1173	95.1597

（3）待绝对定向的模型点坐标文件 new-model. txt,格式如下：

4768.70	611.28	86.92
5067.60	944.62	80.22
4917.47	731.20	95.82
4825.13	837.11	95.12

2）绝对定向程序代码（调试可运行）

```
close all;
clear all;
format long g;
oldpath=cd;
[f,p]=uigetfile('*.txt','gcp stereo coordinate(X,Y,Z)');
txt1=strcat(p,f);
fp1=fopen(txt1,'r');
xtg=0;ytg=0;ztg=0;n=0;xyt=[];xyp=[];
cd(p);
while ~feof(fp1)
  y0=fscanf(fp1,'%f',1);
  x0=fscanf(fp1,'%f',1);
  z0=fscanf(fp1,'%f',1);
  n=n+1;
  xtg=x0+xtg;ytg=ytg+y0;ztg=z0+ztg;
  xyt=[xyt;x0,y0,z0];
  tline=fgetl(fp1);
  if ~ischar(tline)
```

```
      break;
   end
end
fclose(fp1);
xtg=xtg/n;ytg=ytg/n;ztg=ztg/n;
n=0;
[f,p]=uigetfile('*.txt','unknown stereo coordinate(x,y,z)');
txt=strcat(p,f);
fp=fopen(txt,'r');
xpg=0;ypg=0;zpg=0;
while ~ feof(fp)
   n=n+1;
   x0=fscanf(fp,'%f',1);
   y0=fscanf(fp,'%f',1);
   z0=fscanf(fp,'%f',1);
   xpg=x0+xpg;ypg=ypg+y0;zpg=zpg+z0;
   xyp=[xyp;x0,y0,z0];
   tline=fgetl(fp1);
   if ~ ischar(tline)
      break;
   end
end
fclose(fp);
xpg=xpg/n;ypg=ypg/n;zpg=zpg/n;
dx=0;dy=0;dz=0;land=1;fai=0;omg=0;kab=0;d4=0;
while 1
   r=[1,kab,-fai;-kab,1,omg;fai,-omg,1];
   apc=[];lpc=[];
   for i=1:n
      xt=xyt(i,1)-xtg;
      yt=xyt(i,2)-ytg;
      zt=xyt(i,3)-ztg;
      xp=xyp(i,1)-xpg;
      yp=xyp(i,2)-ypg;
      zp=xyp(i,3)-zpg;
      aa=[1 0 0 xp 0 -zp yp;0 1 0 yp zp 0 -xp;0 0 1 zp -yp xp 0];
      ll=[xt;yt;zt]-land*r*[xp;yp;zp]-[dx;dy;dz];
      apc=[apc;aa];lpc=[lpc;ll];
   end
   cs=(apc'*apc)\(apc'*lpc);
   d1=cs(1);d2=cs(2);d3=cs(3);d4=cs(4);d5=cs(5);d6=cs(6);d7=cs(7);
   dx=dx+d1;dy=dy+d2;dz=dz+d3;
   land=land*(1+d4);fai=fai+d6;omg=omg+d5;kab=kab+d7;
   if (abs(d1)<0.1 && abs(d2)<0.1 && abs(d3)<0.1 && abs(d4)<0.000001 && abs(d5)<
0.000001 && abs(d6)<0.000001 && abs(d7)<0.000001)
      break;
   end
end
```

```
cs=[dx,dy,dz,land,fai,omg,kab]';
r=[1,kab,-fai;-kab,1,omg;fai,-omg,1];
[f,p]=uigetfile('*.txt','控制点三维坐标(X,Y,Z)');
txt3=strcat(p,f);
fp3=fopen(txt3,'r');zb=[];
while ~ feof(fp3)
  x0=fscanf(fp3,'%f',1);
  y0=fscanf(fp3,'%f',1);
  z0=fscanf(fp3,'%f',1);
  zb=[zb;x0  y0  z0];
end
n=size(zb,1);zbm=[];
for i=1:n
  x0=zb(i,1);y0=zb(i,2);z0=zb(i,3);
  zb1=land*r*[x0-xpg;y0-ypg;z0-zpg]+[dx;dy;dz]+[xtg;ytg;ztg];
  zbm=[zbm;zb1(2)  zb1(1)  zb1(3)];
  dX=zb1(2)-xyt(i,2);dY=zb1(1)-xyt(i,1);dZ=zb1(3)-xyt(i,3);
fprintf('%f\t',i);fprintf('%f\t',dX);fprintf('%f\t',dY);fprintf('%f\t',dZ);
fprintf('%f\t',xyt(i,2));fprintf('%f\t',xyt(i,1));fprintf('%f\n',xyt(i,3));
end
fclose(fp3);
cd(oldpath);
```

3) 绝对定向输出结果

```
>>absolution
1.00000   -0.003000  0.000000   -0.031000  2892611.283000  664768.700000  986.951000
2.000000  0.00000    -0.005000  -0.049000  2892944.620000  665067.605000  980.269000
3.000000  -0.006000  -0.003000  -0.030000  2892731.206000  664917.473000  995.850000
4.00000   -0.007300  -0.006300  -0.039700  2892837.117300  664825.136300  995.159700
```

五、近景摄影测量一体化解算方法

1. 光束法双像解析

1) 光束法双像平差解算

双像解析摄影测量可通过已知点解算像片外方位元素,再用前方交会法解算待定点坐标;也可通过相对定向、绝对定向及模型坐标计算等步骤来解算待定点坐标。光束法双像解析摄影测量是把上述的分步方法变为一个整体,用已知的少数控制点以及待求的地面控制点,在像对内同时解算两张像片的外方位元素与待定点坐标。这种方法理论上较为严密,精度较高,是一种较好的方法。

这种方法仍以共线方程为基础,对未知点、控制点同时列误差方程,联合进行解算,同时求两张像片的外方位元素和待定点坐标。

已知共线方程为

$$
\begin{cases}
x = -f\dfrac{a_1(X-X_S)+b_1(Y-Y_S)+c_1(Z-Z_S)}{a_3(X-X_S)+b_3(Y-Y_S)+c_3(Z-Z_S)} \\[4mm]
y = -f\dfrac{a_2(X-X_S)+b_2(Y-Y_S)+c_2(Z-Z_S)}{a_3(X-X_S)+b_3(Y-Y_S)+c_3(Z-Z_S)}
\end{cases}
\tag{2-78}
$$

上式展开后，除有 6 个外方位元素为未知数外，待定点的地面摄影测量坐标 X,Y,Z（略去脚符）也是未知数。因此，展开的一次项式为

$$
\begin{cases}
F_x = F_{x0} + \dfrac{\partial x}{\partial X_S}\mathrm{d}X_S + \dfrac{\partial x}{\partial Y_S}\mathrm{d}Y_S + \dfrac{\partial x}{\partial Z_S}\mathrm{d}Z_S + \dfrac{\partial x}{\partial \varphi}\mathrm{d}\varphi + \dfrac{\partial x}{\partial \omega}\mathrm{d}\omega + \dfrac{\partial x}{\partial \kappa}\mathrm{d}\kappa + \dfrac{\partial x}{\partial X}\mathrm{d}X + \dfrac{\partial x}{\partial Y}\mathrm{d}Y + \dfrac{\partial x}{\partial Z}\mathrm{d}Z \\[4mm]
F_y = F_{y0} + \dfrac{\partial y}{\partial X_S}\mathrm{d}X_S + \dfrac{\partial y}{\partial Y_S}\mathrm{d}Y_S + \dfrac{\partial y}{\partial Z_S}\mathrm{d}Z_S + \dfrac{\partial y}{\partial \varphi}\mathrm{d}\varphi + \dfrac{\partial y}{\partial \omega}\mathrm{d}\omega + \dfrac{\partial y}{\partial \kappa}\mathrm{d}\kappa + \dfrac{\partial y}{\partial X}\mathrm{d}X + \dfrac{\partial y}{\partial Y}\mathrm{d}Y + \dfrac{\partial y}{\partial Z}\mathrm{d}Z
\end{cases}
\tag{2-79}
$$

式中，$\mathrm{d}X,\mathrm{d}Y,\mathrm{d}Z$ 为待定点的坐标改正数。

在保证共线条件下，上式中的系数有如下关系：

$$
\begin{cases}
\dfrac{\partial x}{\partial X} = -\dfrac{\partial x}{\partial X_S};\ \dfrac{\partial x}{\partial Y} = -\dfrac{\partial x}{\partial Y_S};\ \dfrac{\partial x}{\partial Z} = -\dfrac{\partial x}{\partial Z_S} \\[4mm]
\dfrac{\partial y}{\partial X} = -\dfrac{\partial y}{\partial X_S};\ \dfrac{\partial y}{\partial Y} = -\dfrac{\partial y}{\partial Y_S};\ \dfrac{\partial y}{\partial Z} = -\dfrac{\partial y}{\partial Z_S}
\end{cases}
\tag{2-80}
$$

将此条件代入式(2-79)，写成一般形式为

$$
\begin{cases}
v_x = a_{11}\mathrm{d}X_S + a_{12}\mathrm{d}Y_S + a_{13}\mathrm{d}Z_S + a_{14}\mathrm{d}\varphi + a_{15}\mathrm{d}\omega + a_{16}\mathrm{d}\kappa - a_{11}\mathrm{d}X - a_{12}\mathrm{d}Y - a_{13}\mathrm{d}Z \\[2mm]
v_y = a_{21}\mathrm{d}X_S + a_{22}\mathrm{d}Y_S + a_{23}\mathrm{d}Z_S + a_{24}\mathrm{d}\varphi + a_{25}\mathrm{d}\omega + a_{26}\mathrm{d}\kappa - a_{21}\mathrm{d}X - a_{22}\mathrm{d}Y - a_{23}\mathrm{d}Z
\end{cases}
\tag{2-81}
$$

设右像片的外方位元素以带撇号的符号表示，对于右像片上的一个像点，可列出右像片的误差方程如下：

$$
\begin{cases}
v'_x = a'_{11}\mathrm{d}X_S + a'_{12}\mathrm{d}Y_S + a'_{13}\mathrm{d}Z_S + a'_{14}\mathrm{d}\varphi + a'_{15}\mathrm{d}\omega + a'_{16}\mathrm{d}\kappa - a'_{11}\mathrm{d}X - a'_{12}\mathrm{d}Y - a'_{13}\mathrm{d}Z \\[2mm]
v'_y = a'_{21}\mathrm{d}X_S + a'_{22}\mathrm{d}Y_S + a'_{23}\mathrm{d}Z_S + a'_{24}\mathrm{d}\varphi + a'_{25}\mathrm{d}\omega + a'_{26}\mathrm{d}\kappa - a'_{21}\mathrm{d}X - a'_{22}\mathrm{d}Y - a'_{23}\mathrm{d}Z
\end{cases}
\tag{2-82}
$$

对于控制点而言，式(2-81)中 $\mathrm{d}X=\mathrm{d}Y=\mathrm{d}Z=0$。这种解法含有左、右像片的共 12 个外方位元素。对于待定点，除 12 个外方位元素为未知数外，同时还引入了三个坐标改正数作为未知数。若一个立体像对中有 4 个平高控制点和 n 个待定点，则共需解算 $(12+3n)$ 个未知数，而误差方程的个数为 $(16+4n)$。将式(2-81)及式(2-82)写成矩阵形式如下：

$$\begin{bmatrix} V_1 \\ V_2 \end{bmatrix} = \begin{bmatrix} A_1 & 0 & B_1 \\ 0 & A_2 & B_2 \end{bmatrix} \begin{bmatrix} T_1 \\ T_2 \\ X \end{bmatrix} - \begin{bmatrix} L_1 \\ L_2 \end{bmatrix} \tag{2-83}$$

式中，V_1 为由左像点列出的误差方程；V_2 为由右像点列出的误差方程；T_1 为由左像片外方位元素组成的列矩阵；T_2 为由右像片外方位元素组成的列矩阵；X 为由待定点坐标改正数组成的列矩阵；L_1 为 V_1 相应的误差方程常数项矩阵；L_2 为 V_2 相应的误差方程常数项矩阵。有：

$$A_1 = \begin{bmatrix} a_{11} & a_{12} & a_{13} & a_{14} & a_{15} & a_{16} \\ a_{21} & a_{22} & a_{23} & a_{24} & a_{25} & a_{26} \end{bmatrix}, B_1 = \begin{bmatrix} -a_{11} & -a_{12} & -a_{13} \\ -a_{21} & -a_{22} & -a_{23} \end{bmatrix}$$

$$A_2 = \begin{bmatrix} a'_{11} & a'_{12} & a'_{13} & a'_{14} & a'_{15} & a'_{16} \\ a'_{21} & a'_{22} & a'_{23} & a'_{24} & a'_{25} & a'_{26} \end{bmatrix}, B_2 = \begin{bmatrix} -a'_{11} & -a'_{12} & -a'_{13} \\ -a'_{21} & -a'_{22} & -a'_{23} \end{bmatrix}$$

$$T_1 = (dX_S \quad dY_S \quad dZ_S \quad d\varphi \quad d\omega \quad d\kappa)^T$$

$$T_2 = (dX'_S \quad dY'_S \quad dZ'_S \quad d\varphi' \quad d\omega' \quad d\kappa')^T$$

$$X = (dX \quad dY \quad dZ)^T$$

$$L_1 = (l_x \quad l_y)^T, L_2 = (l'_x \quad l'_y)^T$$

用矩阵形式表示的总误差方程为

$$V = \begin{bmatrix} A & : & B \end{bmatrix} \begin{bmatrix} T \\ X \end{bmatrix} - L \tag{2-84}$$

对于控制点，$B=0$，$X=0$，相应的法方程为

$$\begin{bmatrix} A^TA & A^TB \\ B^TA & B^TB \end{bmatrix} \begin{bmatrix} t \\ X \end{bmatrix} = \begin{bmatrix} A^TL \\ B^TL \end{bmatrix} \tag{2-85}$$

用新的符号表示为

$$\begin{bmatrix} N_{11} & N_{12} \\ N_{21} & N_{22} \end{bmatrix} \begin{bmatrix} t \\ X \end{bmatrix} = \begin{bmatrix} u_1 \\ u_2 \end{bmatrix} \tag{2-86}$$

这是有两类未知数的法方程，为了计算方便，常消去一组未知数，得到改化法方程。若消去待定点的一组坐标改正数 X，保留外方位元素改正数，得到改化法方程为

$$(N_{21} - N_{12}N_{22}^{-1}N_{12}^T)t = (u_1 - N_{12}N_{22}^{-1}u_2) \tag{2-87}$$

对上式求解，可得到外方位元素改正数。另一组改化法方程为

$$(N_{22} - N_{12}^TN_{11}^{-1}N_{12})X = (u_2 - N_{12}^TN_{11}^{-1}u_1) \tag{2-88}$$

用它来解算待定点坐标改正数。求得所有未知数改正数以后，将它们与近似值相加作为新的近似值。计算需反复趋近，直到满足精度要求为止。

在光束法双像平差解算中,如何确定未知数的初始值是一个难点。通常可先用单片空间后方交会求解出像片外方位元素,再用前方交会求解出待定点坐标作为未知数的初始值。

2) 光束法双像平差的软件实现

（1）数据准备

需要准备地面控制点坐标(X, Y, Z)、左片像点坐标(x_1, y_1)、右片像点坐标(x_2, y_2)、代码运行时所需的嵌入式数据。

（2）完整的 MATLAB 源码和数据

光束法平差文件 bundle.m 的代码如下（调试可运行）：

```
clear all;
clc;
m=10000;%像片比例尺
f=0.15;
g1=[80083.52,80083.42,80110.98,80108.38,80111.09,80082.53,80083.49,80084.16,80085.
17];
g2=[40110.59,40092.26,40092.26,40110.51,40099.33,40104.87,40104.91,40104.85,40104.
86];
g3=[1059.37,1056.80,1056.79,1059.37,1059.39,1059.27,1059.37,1059.26,1059.26];
GROUND=[g1'  g2'  g3'];
p1=[427.1,385.0,5202.8,4660.2,5281.9,195.0,351.0,471.6,643.6];
p2=[489.4,3684.4,3597.4,439.9,2309.3,1431.3,1415.3,1428.0,1422.7];
PHOTO1=[p1'  p2'];
PHOTO1=PHOTO1/1000.0;
p3=[513.7,450.6,5278.8,4744.5,5363.4,276.6,432.7,552.6,724.6];
p4=[290.2,3475.4,3418.3,254.4,2119.1,1223.0,1205.7,1220.3,1214.8];
PHOTO2=[p3'  p4'];
PHOTO2=PHOTO2/1000.0;
pointNum=size(GROUND,1);%总点数
%左片外方位元素近似值
Xs1=80108.0;Ys1=40095.0;Zs1=1085.0;
fi1=dms2degrees([0  0  20]);w1=dms2degrees([1  40  0]);k1=dms2degrees([5  27
0]);%将度、分、秒转换为十进制
A1=zeros(pointNum*2,6);A2=zeros(pointNum*2,6);
B1=zeros(pointNum*2,3);B2=zeros(pointNum*2,3);%每个像点坐标的系数
L1=zeros(pointNum*2,1);L2=zeros(pointNum*2,1);%误差方程式常数项
dX1=0;dX2=0;dX3=0;dX4=0;dX5=0;
dY1=0;dY2=0;dY3=0;dY4=0;dY5=0;
dZ1=0;dZ2=0;dZ3=0;dZ4=0;dZ5=0;
X=[dX1  dY1  dZ1  dX2  dY2  dZ2  dX3  dY3  dZ3  dX4  dY4  dZ4  dX5  dY5  dZ5];
X=X(:);%将X转为一列
%右片外方位元素近似值
Xs2=80108.0;Ys2=40095.0;Zs2=1085.0;
```

```
fi2=dms2degrees([0  49  0]);w2=dms2degrees([2  38  0]);k2=dms2degrees([6  19
0]);%将度、分、秒转换为十进制
while (1) %计算左、右片旋转矩阵
  a1(1)=cos(fi1)*cos(k1)-sin(fi1)*sin(w1)*sin(k1);
  a1(2)=-cos(fi1)*sin(k1)-sin(fi1)*sin(w1)*cos(k1);
  a1(3)=-sin(fi1)*cos(w1);
  b1(1)=cos(w1)*sin(k1);
  b1(2)=cos(w1)*cos(k1);
  b1(3)=-sin(w1);
  c1(1)=sin(fi1)*cos(k1)+cos(fi1)*sin(w1)*sin(k1);
  c1(2)=-sin(fi1)*sin(k1)+cos(fi1)*sin(w1)*cos(k1);
  c1(3)=cos(fi1)*cos(w1);
  a2(1)=cos(fi2)*cos(k2)-sin(fi2)*sin(w2)*sin(k2);
  a2(2)=-cos(fi2)*sin(k2)-sin(fi2)*sin(w2)*cos(k2);
  a2(3)=-sin(fi2)*cos(w2);
  b2(1)=cos(w2)*sin(k2);
  b2(2)=cos(w2)*cos(k2);
  b2(3)=-sin(w2);
  c2(1)=sin(fi2)*cos(k2)+cos(fi2)*sin(w2)*sin(k2);
  c2(2)=-sin(fi2)*sin(k2)+cos(fi2)*sin(w2)*cos(k2);
  c2(3)=cos(fi2)*cos(w2);
  for i=1:pointNum %求左、右片误差方程中的常数项和系数项并组成矩阵
    ap1(1)=-f*(a1(1)*(GROUND(i,1)-Xs1)+b1(1)*(GROUND(i,2)-Ys1)+c1(1)*
(GROUND(i,3)-Zs1))/(a1(3)*(GROUND(i,1)-Xs1)+b1(3)*(GROUND(i,2)-Ys1)+c1(3)*
(GROUND(i,3)-Zs1));%像片近似坐标
    ap1(2)=-f*(a1(2)*(GROUND(i,1)-Xs1)+b1(2)*(GROUND(i,2)-Ys1)+c1(2)*
(GROUND(i,3)-Zs1))/(a1(3)*(GROUND(i,1)-Xs1)+b1(3)*(GROUND(i,2)-Ys1)+c1(3)*
(GROUND(i,3)-Zs1));
    Zbar1=a1(3)*(GROUND(i,1)-Xs1)+b1(3)*(GROUND(i,2)-Ys1)+c1(3)*(GROUND(i,3)
-Zs1);
    A1(i*2-1,1)=(a1(1)*f+a1(3)*PHOTO1(i,1))/Zbar1;
    A1(i*2-1,2)=(b1(1)*f+b1(3)*PHOTO1(i,1))/Zbar1;
    A1(i*2-1,3)=(c1(1)*f+c1(3)*PHOTO1(i,1))/Zbar1;
    A1(i*2-1,4)=PHOTO1(i,2)*sin(w1)-(PHOTO1(i,1)*(PHOTO1(i,1)*cos(k1)-PHOTO1
(i,2)*sin(k1))/f+f*cos(k1))*cos(w1);
    A1(i*2-1,5)=-f*sin(k1)-PHOTO1(i,1)*(PHOTO1(i,1)*sin(k1)+PHOTO1(i,2)*
cos(k1))/f;
    A1(i*2-1,6)=PHOTO1(i,2);
    A1(i*2,1)=(a1(2)*f+a1(3)*PHOTO1(i,2))/Zbar1;
    A1(i*2,2)=(b1(2)*f+b1(3)*PHOTO1(i,2))/Zbar1;
    A1(i*2,3)=(c1(2)*f+c1(3)*PHOTO1(i,2))/Zbar1;
    A1(i*2,4)=PHOTO1(i,1)*sin(w1)-(PHOTO1(i,2)*(PHOTO1(i,1)*cos(k1)-PHOTO1
(i,2)*sin(k1))/f-f*sin(k1))*cos(w1);
    A1(i*2,5)=-f*cos(k1)-PHOTO1(i,2)*(PHOTO1(i,1)*sin(k1)+PHOTO1(i,2)*
cos(k1))/f;
    A1(i*2,6)=-PHOTO1(i,1);
    L1(i*2-1,1)=PHOTO1(i,1)-ap1(1);
    L1(i*2,1)=PHOTO1(i,2)-ap1(2);
```

```
    ap2(1)=-f * (a2(1) * (GROUND(i,1)-Xs2)+b2(1) * (GROUND(i,2)-Ys2)+c2(1) *
(GROUND(i,3)-Zs2))/(a2(3) * (GROUND(i,1)-Xs2)+b2(3) * (GROUND(i,2)-Ys2)+c2(3) *
(GROUND(i,3)-Zs2));
    ap2(2)=-f * (a2(2) * (GROUND(i,1)-Xs2)+b2(2) * (GROUND(i,2)-Ys2)+c2(2) *
(GROUND(i,3)-Zs2))/(a2(3) * (GROUND(i,1)-Xs2)+b2(3) * (GROUND(i,2)-Ys2)+c2(3) *
(GROUND(i,3)-Zs2));
    Zbar2=a2(3) * (GROUND(i,1)-Xs2)+b2(3) * (GROUND(i,2)-Ys2)+c2(3) * (GROUND(i,3)
-Zs2);
    A2(i * 2-1,1)=(a2(1) * f+a2(3) * PHOTO2(i,1))/Zbar2;
    A2(i * 2-1,2)=(b2(1) * f+b2(3) * PHOTO2(i,1))/Zbar2;
    A2(i * 2-1,3)=(c2(1) * f+c2(3) * PHOTO2(i,1))/Zbar2;
    A2(i * 2-1,4)=PHOTO2(i,2) * sin(w2)-(PHOTO2(i,1) * (PHOTO2(i,1) * cos(k2)-PHOTO2
(i,2) * sin(k2))/f+f * cos(k2)) * cos(w2);
    A2(i * 2-1,5)=-f * sin(k2)-PHOTO2(i,1) * (PHOTO2(i,1) * sin(k2)+PHOTO2(i,2) *
cos(k2))/f;
    A2(i * 2-1,6)=PHOTO2(i,2);
    A2(i * 2,1)=(a2(2) * f+a2(3) * PHOTO2(i,2))/Zbar2;
    A2(i * 2,2)=(b2(2) * f+b2(3) * PHOTO2(i,2))/Zbar2;
    A2(i * 2,3)=(c2(2) * f+c2(3) * PHOTO2(i,2))/Zbar2;
    A2(i * 2,4)=PHOTO2(i,1) * sin(w2)-(PHOTO2(i,2) * (PHOTO2(i,1) * cos(k2)-PHOTO2
(i,2) * sin(k2))/f-f * sin(k2)) * cos(w2);
    A2(i * 2,5)=-f * cos(k2)-PHOTO2(i,2) * (PHOTO2(i,1) * sin(k2)+PHOTO2(i,2)
* cos(k2))/f;
    A2(i * 2,6)=-PHOTO2(i,1);
    L2(i * 2-1,1)=PHOTO2(i,1)-ap2(1);
    L2(i * 2,1)=PHOTO2(i,2)-ap2(2);
  end
  A=[A1(1,1)    A1(1,2)    A1(1,3)    A1(1,4)    A1(1,5)    A1(1,6)    0  0  0  0  0  0;
     A1(2,1)    A1(2,2)    A1(2,3)    A1(2,4)    A1(2,5)    A1(2,6)    0  0  0  0  0  0;
     A1(3,1)    A1(3,2)    A1(3,3)    A1(3,4)    A1(3,5)    A1(3,6)    0  0  0  0  0  0;
     A1(4,1)    A1(4,2)    A1(4,3)    A1(4,4)    A1(4,5)    A1(4,6)    0  0  0  0  0  0;
     A1(5,1)    A1(5,2)    A1(5,3)    A1(5,4)    A1(5,5)    A1(5,6)    0  0  0  0  0  0;
     A1(6,1)    A1(6,2)    A1(6,3)    A1(6,4)    A1(6,5)    A1(6,6)    0  0  0  0  0  0;
     A1(7,1)    A1(7,2)    A1(7,3)    A1(7,4)    A1(7,5)    A1(7,6)    0  0  0  0  0  0;
     A1(8,1)    A1(8,2)    A1(8,3)    A1(8,4)    A1(8,5)    A1(8,6)    0  0  0  0  0  0;
     A1(9,1)    A1(9,2)    A1(9,3)    A1(9,4)    A1(9,5)    A1(9,6)    0  0  0  0  0  0;
     A1(10,1)   A1(10,2)   A1(10,3)   A1(10,4)   A1(10,5)   A1(10,6)   0  0  0  0  0  0;
     A1(11,1)   A1(11,2)   A1(11,3)   A1(11,4)   A1(11,5)   A1(11,6)   0  0  0  0  0  0;
     A1(12,1)   A1(12,2)   A1(12,3)   A1(12,4)   A1(12,5)   A1(12,6)   0  0  0  0  0  0;
     A1(13,1)   A1(13,2)   A1(13,3)   A1(13,4)   A1(13,5)   A1(13,6)   0  0  0  0  0  0;
     A1(14,1)   A1(14,2)   A1(14,3)   A1(14,4)   A1(14,5)   A1(14,6)   0  0  0  0  0  0;
     A1(15,1)   A1(15,2)   A1(15,3)   A1(15,4)   A1(15,5)   A1(15,6)   0  0  0  0  0  0;
     A1(16,1)   A1(16,2)   A1(16,3)   A1(16,4)   A1(16,5)   A1(16,6)   0  0  0  0  0  0;
     A1(17,1)   A1(17,2)   A1(17,3)   A1(17,4)   A1(17,5)   A1(17,6)   0  0  0  0  0  0;
     A1(18,1)   A1(18,2)   A1(18,3)   A1(18,4)   A1(18,5)   A1(18,6)   0  0  0  0  0  0;
     0  0  0  0  0  0   A2(1,1)   A2(1,2)   A2(1,3)   A2(1,4)   A2(1,5)   A2(1,6);
     0  0  0  0  0  0   A2(2,1)   A2(2,2)   A2(2,3)   A2(2,4)   A2(2,5)   A2(2,6);
     0  0  0  0  0  0   A2(3,1)   A2(3,2)   A2(3,3)   A2(3,4)   A2(3,5)   A2(3,6);
```

```
 0  0  0  0  0  0  A2(4,1)   A2(4,2)   A2(4,3)   A2(4,4)   A2(4,5)   A2(4,6);
 0  0  0  0  0  0  A2(5,1)   A2(5,2)   A2(5,3)   A2(5,4)   A2(5,5)   A2(5,6);
 0  0  0  0  0  0  A2(6,1)   A2(6,2)   A2(6,3)   A2(6,4)   A2(6,5)   A2(6,6);
 0  0  0  0  0  0  A2(7,1)   A2(7,2)   A2(7,3)   A2(7,4)   A2(7,5)   A2(7,6);
 0  0  0  0  0  0  A2(8,1)   A2(8,2)   A2(8,3)   A2(8,4)   A2(8,5)   A2(8,6);
 0  0  0  0  0  0  A2(9,1)   A2(9,2)   A2(9,3)   A2(9,4)   A2(9,5)   A2(9,6);
 0  0  0  0  0  0  A2(10,1)  A2(10,2)  A2(10,3)  A2(10,4)  A2(10,5)  A2(10,6);
 0  0  0  0  0  0  A2(11,1)  A2(11,2)  A2(11,3)  A2(11,4)  A2(11,5)  A2(11,6);
 0  0  0  0  0  0  A2(12,1)  A2(12,2)  A2(12,3)  A2(12,4)  A2(12,5)  A2(12,6);
 0  0  0  0  0  0  A2(13,1)  A2(13,2)  A2(13,3)  A2(13,4)  A2(13,5)  A2(13,6);
 0  0  0  0  0  0  A2(14,1)  A2(14,2)  A2(14,3)  A2(14,4)  A2(14,5)  A2(14,6);
 0  0  0  0  0  0  A2(15,1)  A2(15,2)  A2(15,3)  A2(15,4)  A2(15,5)  A2(15,6);
 0  0  0  0  0  0  A2(16,1)  A2(16,2)  A2(16,3)  A2(16,4)  A2(16,5)  A2(16,6);
 0  0  0  0  0  0  A2(17,1)  A2(17,2)  A2(17,3)  A2(17,4)  A2(17,5)  A2(17,6);
 0  0  0  0  0  0  A2(18,1)  A2(18,2)  A2(18,3)  A2(18,4)  A2(18,5)  A2(18,6);];
B=[0  0  0  0  0  0  0  0  0  0  0  0  0  0  0;
 0  0  0  0  0  0  0  0  0  0  0  0  0  0  0;
 0  0  0  0  0  0  0  0  0  0  0  0  0  0  0;
 0  0  0  0  0  0  0  0  0  0  0  0  0  0  0;
 0  0  0  0  0  0  0  0  0  0  0  0  0  0  0;
 0  0  0  0  0  0  0  0  0  0  0  0  0  0  0;
 0  0  0  0  0  0  0  0  0  0  0  0  0  0  0;
 0  0  0  0  0  0  0  0  0  0  0  0  0  0  0;
 -A1(9,1)   -A1(9,2)   -A1(9,3)   0  0  0  0  0  0  0  0  0  0  0  0;
 -A1(10,1)  -A1(10,2)  -A1(10,3)  0  0  0  0  0  0  0  0  0  0  0  0;
 0  0  0  -A1(11,1)  -A1(11,2)  -A1(11,3)  0  0  0  0  0  0  0  0  0;
 0  0  0  -A1(12,1)  -A1(12,2)  -A1(12,3)  0  0  0  0  0  0  0  0  0;
 0  0  0  0  0  0  -A1(13,1)  -A1(13,2)  -A1(13,3)  0  0  0  0  0  0;
 0  0  0  0  0  0  -A1(14,1)  -A1(14,2)  -A1(14,3)  0  0  0  0  0  0;
 0  0  0  0  0  0  0  0  0  -A1(15,1)  -A1(15,2)  -A1(15,3)  0  0  0;
 0  0  0  0  0  0  0  0  0  -A1(16,1)  -A1(16,2)  -A1(16,3)  0  0  0;
 0  0  0  0  0  0  0  0  0  0  0  0  -A1(17,1)  -A1(17,2)  -A1(17,3);
 0  0  0  0  0  0  0  0  0  0  0  0  -A1(18,1)  -A1(18,2)  -A1(18,3);
 0  0  0  0  0  0  0  0  0  0  0  0  0  0  0;
 0  0  0  0  0  0  0  0  0  0  0  0  0  0  0;
 0  0  0  0  0  0  0  0  0  0  0  0  0  0  0;
 0  0  0  0  0  0  0  0  0  0  0  0  0  0  0;
 0  0  0  0  0  0  0  0  0  0  0  0  0  0  0;
 0  0  0  0  0  0  0  0  0  0  0  0  0  0  0;
 0  0  0  0  0  0  0  0  0  0  0  0  0  0  0;
 0  0  0  0  0  0  0  0  0  0  0  0  0  0  0;
 -A2(9,1)   -A2(9,2)   -A2(9,3)   0  0  0  0  0  0  0  0  0  0  0  0;
 -A2(10,1)  -A2(10,2)  -A2(10,3)  0  0  0  0  0  0  0  0  0  0  0  0;
 0  0  0  -A2(11,1)  -A2(11,2)  -A2(11,3)  0  0  0  0  0  0  0  0  0;
 0  0  0  -A2(12,1)  -A2(12,2)  -A2(12,3)  0  0  0  0  0  0  0  0  0;
 0  0  0  0  0  0  -A2(13,1)  -A2(13,2)  -A2(13,3)  0  0  0  0  0  0;
 0  0  0  0  0  0  -A2(14,1)  -A2(14,2)  -A2(14,3)  0  0  0  0  0  0;
 0  0  0  0  0  0  0  0  0  -A2(15,1)  -A2(15,2)  -A2(15,3)  0  0  0;
```

```
         0  0  0  0  0  0  0  0  0  -A2(16,1)  -A2(16,2)  -A2(16,3)  0  0  0;
         0  0  0  0  0  0  0  0  0  0  0  0  -A2(17,1)  -A2(17,2)  -A2(17,3);
         0  0  0  0  0  0  0  0  0  0  0  0  -A2(18,1)  -A2(18,2)  -A2(18,3);];
    N11=A'*A;
    N12=A'*B;
    N21=B'*A;
    N22=B'*B;
    L=[L1  L2];
    L=L(:);%把L变为列向量
    u1=A'*L;
    u2=B'*L;
t= (N11-N12*((N22)^-1)*N12')\(u1-N12*(N22^-1)*u2);%求解外方位元素改正数
Xs1=t(1)+Xs1;
Ys1=t(2)+Ys1;
Zs1=t(3)+Zs1;
fi1=t(4)+fi1;
w1=t(5)+w1;
k1=t(6)+k1;
Xs2=t(7)+Xs2;
Ys2=t(8)+Ys2;
Zs2=t(9)+Zs2;
fi2=t(10)+fi2;
w2=t(11)+w2;
k2=t(12)+k2;
X= (N22-N12'*((N11)^-1)*N12)\(u2-N12'*(N11^-1)*u1);%计算坐标改正数
X1=GROUND(5,1)+X(1);
Y1=GROUND(5,2)+X(2);
Z1=GROUND(5,3)+X(3);
X2=GROUND(6,1)+X(4);
Y2=GROUND(6,2)+X(5);
Z2=GROUND(6,3)+X(6);
X3=GROUND(7,1)+X(7);
Y3=GROUND(7,2)+X(8);
Z3=GROUND(7,3)+X(9);
X4=GROUND(8,1)+X(10);
Y4=GROUND(8,2)+X(11);
Z4=GROUND(8,3)+X(12);
X5=GROUND(9,1)+X(13);
Y5=GROUND(9,2)+X(14);
Z5=GROUND(9,3)+X(15);
RANDOM_NUM=X(randperm(numel(X),1));%从X数组中随机取一个不重复改正数用于精度
                                %评定
  if abs(t(4))<0.000005 && abs(t(5))<0.000005 && abs(t(6))<0.000005 && abs(t(10))<
0.00000485 && abs(t(11))<0.00000485 && abs(t(12))<0.000005 && abs(t(1))<0.01 && abs
(t(2))<0.01 && abs(t(3))<0.01 && abs(t(7))<0.01 && abs(t(8))<0.01 && abs(t(9))<0.01
&& RANDOM_NUM<0.01
    break;
  end
```

```
end
A1=[A,B];
V=A1*[t;X]-L;
m0=sqrt(V'*V/9);%单位权中误差
Q=(A1'*A1)^-1;%矩阵求逆
M=zeros(27);%给M预分配内存以提高运行速度
for i=1:27
  M(i)=m0*sqrt(Q(i,i));%求每个待定点坐标中误差以及外方位元素中误差
end
fprintf('Xs1=%f  Ys1=%f  Zs1=%f\n',Xs1,Ys1,Zs1);fprintf('phi1=%f  omga1=%f
  kap1=%f\n',fi1,w1,k1);fprintf('Xs2=%f  Ys2=%f  Zs2=%f\n',Xs2,Ys2,Zs2);
fprintf('phi2=%f  omga2=%f  kap2=%f\n',fi2,w2,k2);
fprintf('X1=%f  Y1=%f  Z1=%f\n  X2=%f  Y2=%f  Z2=%f\n  X3=%f  Y3=%f  Z3=%f
  \n  X4=%f  Y4=%f  Z4=%f\n  X5=%f  Y5=%f  Z5=%f\n',X1,Y1,Z1,X2,Y2,Z2,X3,Y3,
  Z3,X4,Y4,Z4,X5,Y5,Z5);
fprintf('m0=%f\n',m0);
```

（3）输出结果

```
>>gsfshx
Xs1=80108.261056    Ys1=40095.873408    Zs1=1057.204022
phi1=0.040529       omga1=0.114513      kap1=4.745768
Xs2=80108.181642    Ys2=40095.943347    Zs2=1057.208933
phi2=3.184043       omga2=3.026470      kap2=7.922058
X1=80111.767983     Y1=40088.628388     Z1=1056.299945
X2=80107.804179     Y2=40095.954731     Z2=1057.241517
X3=80107.814126     Y3=40096.001474     Z3=1057.246484
X4=80107.802216     Y4=40096.039473     Z4=1057.251019
X5=80107.805317     Y5=40096.090511     Z5=1057.256557
m0=1.196552
```

2. 直接线性变换解法

1）直接线性变换解算

（1）直接线性变换解法的基本关系式

直接线性变换（Direct Linear Transform，DLT）解法其实也是从共线条件方程演绎而来的，它是建立关于像点的坐标仪坐标与像点对应的物方点的空间坐标之间的直接线性关系的算法。直接线性变换解法因无须像片的内外方位元素的初始值而特别适用于非量测数码相机在近景摄影测量工作中的应用。本书所做的关于相机检校以及后期在实地进行的近景摄影测量任务中的数据处理都是以直接线性变换解法为基础的，所以下面将重点介绍直接线性变换解法以及改进后的算法。

$$\begin{cases} x-x_0+\Delta x=-f\dfrac{a_1(X-X_S)+b_1(Y-Y_S)+c_1(Z-Z_S)}{a_3(X-X_S)+b_3(Y-Y_S)+c_3(Z-Z_S)} \\ \\ y-y_0+\Delta y=-f\dfrac{a_2(X-X_S)+b_2(Y-Y_S)+c_2(Z-Z_S)}{a_3(X-X_S)+b_3(Y-Y_S)+c_3(Z-Z_S)} \end{cases} \tag{2-89}$$

式中，x,y 为物方点对应的像点在像平面坐标系下的坐标；x_0,y_0,f 为像片的内方位元素；X_S,Y_S,Z_S 为摄站点的物空间坐标；X,Y,Z 为物方点在物空间坐标系下的坐标；a_i，$b_i,c_i(i=1,2,3)$ 为 9 个方向余弦。

假定式(2-89)中的系统误差改正数 $(\Delta x, \Delta y)$ 只包含坐标轴比例尺不一致误差 ds 和不垂直误差 $d\beta$ 所引起的线性误差，则将式(2-89)修改如下：

$$\begin{cases} x + \dfrac{l_1 X + l_2 Y + l_3 Z + l_4}{l_9 X + l_{10} Y + l_{11} Z + l_{12}} = 0 \\ y + \dfrac{l_5 X + l_6 Y + l_7 Z + l_8}{l_9 X + l_{10} Y + l_{11} Z + l_{12}} = 0 \end{cases} \tag{2-90}$$

式(2-90)就是直接线性变换解法的基本关系式，式中 l_i 为直接线性变换的系数，并且每个系数完全独立。

(2) 直接线性变换解法中内方位元素以及 ds 和 $d\beta$ 的求解

当已知式(2-90)中的 l_i 系数时，就可按照式(2-91)来求像片的内方位元素和 ds、$d\beta$。

$$\begin{cases} x_0 = -(l_1 l_9 + l_2 l_{10} + l_3 l_{11})/(l_9^2 + l_{10}^2 + l_{11}^2) \\ y_0 = -(l_5 l_9 + l_6 l_{10} + l_7 l_{11})/(l_9^2 + l_{10}^2 + l_{11}^2) \end{cases} \tag{2-91}$$

$$d\beta = \arcsin \sqrt{\frac{C^2}{AB}} = \arcsin \left(\frac{\dfrac{l_1 l_5 + l_2 l_6 + l_3 l_7}{l_9^2 + l_{10}^2 + l_{11}^2} - x_0 y_0}{\sqrt{[\gamma_3^2(l_1^2 + l_2^2 + l_3^2) - x_0^2][\gamma_3^2(l_5^2 + l_6^2 + l_7^2) - y_0^2]}} \right) \tag{2-92}$$

$$ds = \sqrt{\frac{A}{B}} - l = \sqrt{\frac{\gamma_3^2(l_1^2 + l_2^2 + l_3^2) - x_0^2}{\gamma_3^2(l_5^2 + l_6^2 + l_7^2) - y_0^2}} - 1 \tag{2-93}$$

$$f_x = \sqrt{A} \cos d\beta = \cos d\beta \sqrt{\frac{(l_1^2 + l_2^2 + l_3^2)^2}{(l_9^2 + l_{10}^2 + l_{11}^2)} - x_0^2} \tag{2-94}$$

$$f_y = f_x/(1 + ds) \tag{2-95}$$

式中，f_x,f_y 分别是像片的 x 方向和 y 方向的主距。

(3) 直接线性变换的解算过程

直接线性变换解法一般可以分为两个步骤：一是 l_i 系数的解算，二是物空间坐标的解算。当没有多余观测值的时候，可由式(2-90)推算出解算 l_i 系数近似值的公式如下：

$$\begin{aligned} Xl_1 + Yl_2 + Zl_3 + l_4 + 0 + 0 + 0 + 0 + xXl_9 + xYl_{10} + xZl_{11} + x = 0 \\ 0 + 0 + 0 + 0 + Xl_5 + Yl_6 + Zl_7 + l_8 + yXl_9 + yYl_{10} + yZl_{11} + y = 0 \end{aligned} \tag{2-96}$$

从上式看出，要想求出 11 个 l_i 系数，需要 6 个控制点的空间坐标，分别为 $(X_1, Y_2,$

Z_3),…,(X_6,Y_6,Z_6),从而可列出 12 个方程式,写成矩阵形式为

$$
\begin{bmatrix}
X_1 & Y_1 & Z_1 & 1 & 0 & 0 & 0 & 0 & x_1X_1 & x_1Y_1 & x_1Z_1 \\
0 & 0 & 0 & 0 & X_1 & Y_1 & Z_1 & 1 & y_1X_1 & y_1Y_1 & y_1Z_1 \\
X_2 & Y_2 & Z_2 & 0 & 0 & 0 & 0 & 0 & x_2X_2 & x_2Y_2 & x_2Z_2 \\
0 & 0 & 0 & 0 & X_2 & Y_2 & Z_2 & 1 & y_2X_2 & y_2Y_2 & y_2Z_2 \\
\vdots & \vdots & \vdots & \vdots & \vdots & \vdots & \vdots & \vdots & \vdots & \vdots & \vdots \\
X_6 & Y_6 & Z_6 & 1 & 0 & 0 & 0 & 0 & x_6X_6 & y_6Y_6 & z_6Z_6
\end{bmatrix}
\begin{bmatrix}
l_1 \\ l_2 \\ l_3 \\ l_4 \\ l_5 \\ l_6 \\ l_7 \\ l_8 \\ l_9 \\ l_{10} \\ l_{11}
\end{bmatrix}
+
\begin{bmatrix}
x_1 \\ y_1 \\ x_2 \\ y_2 \\ \vdots \\ y_6
\end{bmatrix}
= 0
$$

$$(2-97)$$

由上式求得 l_i 系数之后,同样可以根据式(2-90)推算出解算物空间坐标(X,Y,Z)的近似值的公式如下:

$$
\begin{aligned}
(l_1+xl_9)X+(l_2+xl_{10})Y+(l_3+xl_{11})Z+(l_4+x)=0 \\
(l_5+yl_9)X+(l_6+yl_{10})Y+(l_7+yl_{11})Z+(l_8+y)=0
\end{aligned}
$$

$$(2-98)$$

从上式可以看出,对于每一个物方点至少得列出三个方程式,所以此时最少需要两张或两张以上的像片,两张像片的 l_i 系数分别为$(l_1,l_2,\cdots,l_{11})$和$(l'_1,l'_2,\cdots,l'_{11})$,然后利用最小二乘法解算物方坐标值。具体公式如下:

$$
\begin{bmatrix}
l_1+xl_9 & l_2+xl_{10} & l_3+xl_{11} \\
l_1+yl_9 & l_6+xl_{10} & l_7+xl_{11} \\
l'_1+x'l'_9 & l'_2+x'l'_{10} & l'_3+x'l'_{11}
\end{bmatrix}
\begin{bmatrix}
X \\ Y \\ Z
\end{bmatrix}
+
\begin{bmatrix}
l_4+x \\ l_8+y \\ l'_4+x'
\end{bmatrix}
= 0
$$

$$(2-99)$$

对于非量测相机来说,因其镜头畸变差相对较大,所以对拍摄的像片进行处理的时候,对像点坐标的量测会有一定的误差,这样会降低物空间坐标值的解算精度。这个时候就需要注意要引入畸变差参数。所以当有多余观测值的时候,应该引入像点坐标观测值的改正数(v_x,v_y)以及像点坐标的非线性改正数$(\Delta x,\Delta y)$,可将式(2-89)改为

$$
\begin{cases}
(x+v_x)+\Delta x+\dfrac{l_1X+l_2Y+l_3Z+l_4}{l_9X+l_{10}Y+l_{11}Z+l_{12}}=0 \\
(y+v_y)+\Delta y+\dfrac{l_5X+l_6Y+l_7Z+l_8}{l_9X+l_{10}Y+l_{11}Z+l_{12}}=0
\end{cases}
$$

$$(2-100)$$

其中：

$$\begin{cases} \Delta x = (x-x_0)(k_1 r^2 + k_2 r^4 + \cdots) + p_1[r^2 + 2(x-x_0)^2] + 2p_2(x-x_0)(y-y_0) \\ \Delta y = (y-y_0)(k_1 r^2 + k_2 r^4 + \cdots) + p_2[r^2 + 2(y-y_0)^2] + 2p_1(x-x_0)(y-y_0) \end{cases}$$

$$(2-101)$$

式(2-101)中，k_1，k_2 为径向畸变系数，p_1，p_2 为切向畸变系数，r 为像点向径。r 的计算公式为：$r = \sqrt{(x-x_0)^2 + (y-y_0)^2}$。

如果只求 k_1 时，可将式(2-100)改成

$$A(x+v_x) + Ak_1(x-x_0)r^2 + l_1 X + l_2 Y + l_3 Z + l_4 = 0$$
$$A(y+v_y) + Ak_1(y-y_0)r^2 + l_5 X + l_6 Y + l_7 Z + l_8 = 0$$

$$(2-102)$$

其中：$A = l_9 X + l_{10} Y + l_{11} Z + 1$。

从而列出误差方程如下：

$$\begin{cases} v_x = -\dfrac{1}{A}[l_1 X + l_2 Y + l_3 Z + l_4 + x l_9 X + x l_{10} Y + x l_{11} Z + A(x-x_0)r^2 k_1 + x] = 0 \\ v_y = -\dfrac{1}{A}[l_5 X + l_6 Y + l_7 Z + l_8 + y l_9 X + y l_{10} Y + y l_{11} Z + A(y-y_0)r^2 k_1 + y] = 0 \end{cases}$$

$$(2-103)$$

此时的误差方程以及对应的法方程的矩阵形式为

$$\boldsymbol{V} = \boldsymbol{M}\boldsymbol{L} - \boldsymbol{W}$$
$$\boldsymbol{L} = (\boldsymbol{M}^{\mathrm{T}}\boldsymbol{M})^{-1}\boldsymbol{M}^{\mathrm{T}}\boldsymbol{W}$$

$$(2-104)$$

上述解算是一个迭代过程，在 v_x 相邻两次的差值小于 0.01 的时候结束运算。其中：

$$\boldsymbol{V} = \begin{bmatrix} v_x & v_y \end{bmatrix}^{\mathrm{T}}$$

$$\boldsymbol{M} = -\begin{bmatrix} \dfrac{X}{A} & \dfrac{Y}{A} & \dfrac{Z}{A} & \dfrac{1}{A} & 0 & 0 & 0 & 0 & \dfrac{xX}{A} & \dfrac{xY}{A} & \dfrac{xZ}{A} & (x-x_0)r^2 \\ 0 & 0 & 0 & 0 & \dfrac{X}{A} & \dfrac{Y}{A} & \dfrac{Z}{A} & \dfrac{1}{A} & \dfrac{yX}{A} & \dfrac{yY}{A} & \dfrac{yZ}{A} & (y-y_0)r^2 \end{bmatrix}$$

$$\boldsymbol{L} = \begin{bmatrix} l_1 & l_2 & l_3 & l_4 & l_5 & l_6 & l_7 & l_8 & l_9 & l_{10} & l_{11} & k_1 \end{bmatrix}^{\mathrm{T}}$$

$$\boldsymbol{W} = \begin{bmatrix} -\dfrac{x}{A} & -\dfrac{y}{A} \end{bmatrix}^{\mathrm{T}}$$

$(x+\Delta x, y+\Delta y)$ 作为直接线性变换解法关系式中的 (x, y)，则式(2-100)改写为

$$\begin{cases} (x+v_x) + \dfrac{l_1 X + l_2 Y + l_3 Z + l_4}{l_9 X + l_{10} Y + l_{11} Z + 1} = 0 \\ (y+v_y) + \dfrac{l_5 X + l_6 Y + l_7 Z + l_8}{l_9 X + l_{10} Y + l_{11} Z + 1} = 0 \end{cases}$$

$$(2-105)$$

从而列出关于(X,Y,Z)的误差方程为

$$v_x=-\frac{1}{A}\left[(l_1+xl_9)X+(l_2+xl_{10})Y+(l_3+xl_{11})Z+(l_4+x)\right]$$
$$v_y=-\frac{1}{A}\left[(l_5+yl_9)X+(l_6+yl_{10})Y+(l_7+yl_{11})Z+(l_8+y)\right]$$

$$(2-106)$$

误差方程和相应的法方程写成矩阵形式为

$$\begin{cases}\boldsymbol{V}=\boldsymbol{NS}+\boldsymbol{Q}\\ \boldsymbol{N}^{\mathrm{T}}\boldsymbol{NS}+\boldsymbol{N}^{\mathrm{T}}\boldsymbol{Q}=\boldsymbol{0}\end{cases}$$

$$(2-107)$$

如果拍摄的是三张像片(三张以上时以此类推),则式(2-107)中各个符号所表示的意义为

$$\boldsymbol{V}=\begin{bmatrix}v_x & v_y & v'_x & v'_y & v''_x & v''_y\end{bmatrix}^{\mathrm{T}}$$

$$\boldsymbol{N}=\begin{bmatrix}-\dfrac{1}{A}(l_1+xl_9) & -\dfrac{1}{A}(l_2+xl_{10}) & -\dfrac{1}{A}(l_3+xl_{11})\\[2mm] -\dfrac{1}{A}(l_5+yl_9) & -\dfrac{1}{A}(l_6+yl_{10}) & -\dfrac{1}{A}(l_7+yl_{11})\\[2mm] -\dfrac{1}{A'}(l'_1+x'l'_9) & -\dfrac{1}{A'}(l'_2+x'l'_{10}) & -\dfrac{1}{A'}(l'_3+x'l'_{11})\\[1mm] \vdots & \vdots & \vdots\\[1mm] -\dfrac{1}{A''}(l''_5+y''l''_9) & -\dfrac{1}{A''}(l''_6+y''l''_{10}) & -\dfrac{1}{A''}(l''_7+y''l''_{11})\end{bmatrix}$$

$$\boldsymbol{S}=\begin{bmatrix}X & Y & Z\end{bmatrix}^{\mathrm{T}}$$

$$\boldsymbol{Q}=\begin{bmatrix}-\dfrac{1}{A}(l_4+x) & -\dfrac{1}{A}(l_8+y) & -\dfrac{1}{A'}(l'_4+x') & -\dfrac{1}{A''}(l''_4+y'')\end{bmatrix}^{\mathrm{T}}$$

上述解算也是一个迭代过程,迭代的依据是物空间坐标精度的1/10。

DLT解法可以看作近景摄影测量的空间后方交会与前方交会的结合,将l系数的解算看作后方交会,物方点的空间坐标解算看作前方交会。DLT解法在以下情况下可以取得比较高精度的成果:① 建立一个稳定的用于相机检校的控制场;② 控制点布设6个以上,同时这些控制点不能在一个平面里以避免解的不稳定;③ 摄站点尽量远离物空间坐标系的原点,最好是在被测区域的重心上。在带有限制条件的DLT解算中,我们需要注意的是,在改进的DLT解法中,像点坐标的单位为厘米,但数码相机所拍摄的是数字图像,单位是像素,所以在数据处理的时候需要进行转换。DLT解算过程基本都是迭代计算,迭代的限差需要设计好,同时为了防止程序进入死循环,可以将程序中的迭代次数设置为最多10次,其实正常情况下迭代2到4次就可以达到迭代限差的要求。

2）直接线性变换解法的软件实现

（1）数据准备

需要准备 3 个数据文件，分别是左片控制点和对应像点的坐标，右片控制点和对应像点的坐标、待定点左、右像片的像点坐标。测试数据和格式如下：

① 左片控制点和对应像点的坐标文件 left. txt（格式：ID，x1，y1，X，Y，Z）

1	741.7	595.3	8011.85	3995.29	101.46
2	984.0	500.7	8017.00	3998.62	99.75
3	748.0	458.7	8012.13	3995.43	99.24
4	645.0	194.7	8010.97	3994.18	94.64
5	613.7	260.3	8010.56	3993.74	95.90
6	755.7	364.3	8012.19	3995.64	97.62

② 右片控制点和对应像点的坐标文件 right. txt（格式：ID，x2，y2，X，Y，Z）

1	685.1	608.9	8011.85	3995.29	101.46
2	987.0	505.2	8017.00	3998.62	99.75
3	695.2	464.7	8012.13	3995.43	99.24
4	584.9	194.4	8010.97	3994.18	94.64
5	550.3	263.6	8010.56	3993.74	95.90
6	703.5	365.2	8012.19	3995.64	97.62

③ 待定点左、右像片的坐标文件 xydata. txt（格式：点号，x1，y1，x2，y2）

113	775.7	576.3	723.7	588.7
142	472.3	92.0	405.6	102.3
161	536.3	96.0	469.6	101.5
171	913.0	165.7	887.2	145.9
172	169.0	153.7	106.2	183.0
174	1009.7	501.0	1018.1	505.0

（2）完整的 MATLAB 源码

① 主函数：main. m（可调试运行）

```
Left_image=load('left.txt');
[Left_L,Left_x0,Left_y0]=Computer_Li(Left_image);
Right_image=load('right.txt');
[Right_L,Right_x0,Right_y0]=Computer_Li(Right_image);
UnknownPoint=load('test0.txt');
Coordinate=Computer_UnknownPoint(UnknownPoint,Left_L,Left_x0,Left_y0,Right_L,
Right_x0,Right_y0);
```

② 子函数 1：Computer_Li. m

```
function [L,x0,y0]=Computer_Li(Points)
```

```
X=zeros(2*size(Points,1),11);
B=zeros(2*size(Points,1),1);
for i=1:size(Points,1);
  X(2*i-1,1:3)=Points(i,4:6);
  X(2*i-1,4)=1;
  X(2*i-1,9:11)=Points(i,2)*Points(i,4:6);
  X(2*i,5:8)=X(2*i-1,1:4);
  X(2*i,9:11)=Points(i,3)*Points(i,4:6);
  B(2*i-1,1)=Points(i,2);
  B(2*i,1)=Points(i,3);
end
L=X(1:11,:)\(-B(1:11,1));
x0=-(L(1)*L(9)+L(2)*L(10)+L(3)*L(11))/(L(9)*L(9)+L(10)*L(10)+L(11)*L(11));
y0=-(L(5)*L(9)+L(6)*L(10)+L(7)*L(11))/(L(9)*L(9)+L(10)*L(10)+L(11)*L(11));
M=zeros(2*size(Points,1),12);
W=zeros(2*size(Points,1),1);
n=0;
while n<10;
  for i=1:6;
    A=L(9)*Points(i,4)+L(10)*Points(i,5)+L(11)*Points(i,6)+1;
    M(2*i-1,1:4)=[Points(i,4:6)1]/A;
    M(2*i-1,9:11)=Points(i,2)*M(2*i-1,1:3);
    R=(Points(i,2)-x0)^2+(Points(i,3)-y0)^2;
    M(2*i-1,12)=(Points(i,2)-x0)*R;
    M(2*i,5:8)=M(2*i-1,1:4);
    M(2*i,9:11)=Points(i,3)*M(2*i-1,1:3);
    M(2*i,12)=(Points(i,3)-y0)*R;
    W(2*i-1,1)=Points(i,2)/A;
    W(2*i,1)=Points(i,3)/A;
  end
  M=-M;
  L=(M'*M)\M'*W;
  x0=-(L(1)*L(9)+L(2)*L(10)+L(3)*L(11))/(L(9)*L(9)+L(10)*L(10)+L(11)*L(11));
  y0=-(L(5)*L(9)+L(6)*L(10)+L(7)*L(11))/(L(9)*L(9)+L(10)*L(10)+L(11)*L(11));
  n=n+1;
end
end
```

③ 子函数 2:Computer_UnknownPoint. m

```
function [Coordinate]=Computer_UnknownPoint(UnknownPoint,Left_L,Left_x0,Left_y0,Right_L,Right_x0,Right_y0)
  Left_R=(UnknownPoint(:,2)-Left_x0).^2+(UnknownPoint(:,3)-Left_y0).^2;
  Left_xx=UnknownPoint(:,2)+(UnknownPoint(:,2)-Left_x0).*Left_R*Left_L(12);
  Left_yy=UnknownPoint(:,3)+(UnknownPoint(:,3)-Left_y0).*Left_R*Left_L(12);
  Right_R=(UnknownPoint(:,4)-Right_x0).^2+(UnknownPoint(:,5)-Right_y0).^2;
  Right_xx=UnknownPoint(:,4)+(UnknownPoint(:,4)-Right_x0).*Right_R*Right_L(12);
```

```
Right_yy=UnknownPoint(:,5)+(UnknownPoint(:,5)-Right_y0).*Right_R*Right_L(12);
B=zeros(3,3);
C=zeros(3,1);
XYZ=zeros(size(UnknownPoint,1),3);
for i=1:size(UnknownPoint,1);
  B(1,1)=Left_L(1)+Left_xx(i)*Left_L(9);
  B(1,2)=Left_L(2)+Left_xx(i)*Left_L(10);
  B(1,3)=Left_L(3)+Left_xx(i)*Left_L(11);
  B(2,1)=Left_L(5)+Left_yy(i)*Left_L(9);
  B(2,2)=Left_L(6)+Left_yy(i)*Left_L(10);
  B(2,3)=Left_L(7)+Left_yy(i)*Left_L(11);
  B(3,1)=Right_L(1)+Right_xx(i)*Right_L(9);
  B(3,2)=Right_L(2)+Right_xx(i)*Right_L(10);
  B(3,3)=Right_L(3)+Right_xx(i)*Right_L(11);
  C(1,1)=Left_L(4)+Left_xx(i);
  C(2,1)=Left_L(8)+Left_yy(i);
  C(3,1)=Right_L(4)+Right_xx(i);
  XYZ(i,:)=(B\(-C))';
End
N=zeros(4,3);
Q=zeros(4,1);
delta_XYZ=100*ones(1,3);
for i=1:size(UnknownPoint,1);
  n=0;
  while max(abs(delta_XYZ))>0.000001;
    A_L=Left_L(9)*XYZ(i,1)+Left_L(10)*XYZ(i,2)+Left_L(11)*XYZ(i,3)+1;
    N(1,1)=-(Left_L(1)+Left_xx(i)*Left_L(9))/A_L;
    N(1,2)=-(Left_L(2)+Left_xx(i)*Left_L(10))/A_L;
    N(1,3)=-(Left_L(3)+Left_xx(i)*Left_L(11))/A_L;
    N(2,1)=-(Left_L(5)+Left_yy(i)*Left_L(9))/A_L;
    N(2,2)=-(Left_L(6)+Left_yy(i)*Left_L(10))/A_L;
    N(2,3)=-(Left_L(7)+Left_yy(i)*Left_L(11))/A_L;
    A_R=Right_L(9)*XYZ(i,1)+Right_L(10)*XYZ(i,2)+Right_L(11)*XYZ(i,3)+1;
    N(3,1)=-(Right_L(1)+Right_xx(i)*Right_L(9))/A_R;
    N(3,2)=-(Right_L(2)+Right_xx(i)*Right_L(10))/A_R;
    N(3,3)=-(Right_L(3)+Right_xx(i)*Right_L(11))/A_R;
    N(4,1)=-(Right_L(5)+Right_yy(i)*Right_L(9))/A_R;
    N(4,2)=-(Right_L(6)+Right_yy(i)*Right_L(10))/A_R;
    N(4,3)=-(Right_L(7)+Right_yy(i)*Right_L(11))/A_R;
    Q(1,1)=(Left_L(4)+Left_xx(i))/A_L;
    Q(2,1)=(Left_L(8)+Left_yy(i))/A_L;
    Q(3,1)=(Right_L(4)+Right_xx(i))/A_R;
    Q(4,1)=(Right_L(8)+Right_yy(i))/A_R;
    XYZ_new=((N'*N)\N'*Q)';
    delta_XYZ=XYZ_new-XYZ(i,:);
    XYZ(i,:)=XYZ_new;
    n=n+1;
  end
```

```
    end
    Coordinate=zeros(size(UnknownPoint,1),4);
    Coordinate(:,1)=UnknownPoint(:,1);
    Coordinate(:,2:4)=XYZ;
    XYZ
end
```

（3）输出结果

```
XYZ=
  1.0e+03 *
    8.0185    4.0084    0.1124
    8.0108    4.0036    0.0979
    8.0124    4.0056    0.0979
    8.0255    4.0187    0.0997
    8.0020    3.9976    0.1005
    8.0273    4.0167    0.1109
```

3. 光束法和直接变换解法的对比和应用

直接线性变换解法因不需要内外方位元素初始值的特点而特别适用于非量测相机。光束法双像平差作为一种严谨的处理算法，精度相对较高并且运用广泛。因为本书主要是对非量测相机进行研究，如果只是用传统的 DLT 解法进行数据的处理，需要大量的高精度控制点，而光束法双像平差却可以在控制点数量不多的情况下解算出高精度的坐标数据。前面介绍过光束法双像平差的原理，该算法中包含了大量的观测值，所以任何一组观测值的精度都会对整个平差精度造成影响。DLT 解法就相对简单明了一点，所以想要使 DLT 解法能够比拟光束法双像平差，就需要对 DLT 解法进行改进，通过附加限制条件对 DLT 解法进行约束，从而提高精度。同时，在相机检校这一环节需要选择一个稳定的高精度室内三维控制场对相机进行检校，以提高后续的解算精度。

第三章

近景数码相机检校及软件实现

CCD 相机所产生的误差主要分为辐射误差和几何误差（CMOS 相机的误差类似）。辐射误差主要由 CCD 器件本身的背景噪声、偶然噪声以及瑕疵像元等组成。几何误差主要由相机的光学成像物镜、CCD 器件本身的质量以及影像采样电路共同产生，一般分为光学误差、机械误差和电学误差。下面分别介绍 CCD 相机所产生的辐射误差和几何误差的分析与检测。

3.1　近景数码相机的辐射误差

一、固有噪声的测定和消除

在相机物镜盖没有打开，光圈系数调至最大的情况下所摄取的一幅数字影像的灰度矩阵称为固有噪声。固有噪声的存在会影响数字影像的信噪比，特别是在照度较低的情况下，固有噪声的影响显得更加突出，一个质量较好的相机和采样系统应该具有灰度分布均匀、幅度较小的固有噪声。消除固有噪声的办法有三种：一是选择背景噪声较小的 CCD 作为图像传感器，通常 CMOS 传感器的背景噪声比 CCD 传感器大；二是选择有效像幅较大的传感器，有效面积增大，对应图像感应器内的单一像素所接收的光量也成比例增加，所以成像背景噪声明显减少，另外，所能够再现的从白色到黑色的层次范围区间（动态范围）也与面积成正比，变得更加宽广；三是每拍摄一幅影像都减去其固有噪声。

二、偶然噪声的消除

偶然噪声随时间的变化而呈现随机性灰度阶跃变化。在进行测定时，可以连续对同一景物摄取多幅影像,取其灰度均值作为最后的灰度值,这样可以有效地消除偶然噪声的影响。

三、 瑕疵像元的检测和剔除

在数码相机内的光敏元件阵列中,有可能存在个别损坏或物理性能极不稳定的像元,这种像元被称为瑕疵像元。瑕疵像元又可分为白色瑕疵像元和黑色瑕疵像元。白色瑕疵像元可以从固有噪声的灰度中检测出来,取固有噪声平均灰度值的两倍作为阈值,若某像元的固有噪声灰度值大于阈值,则认为该像元为白色瑕疵像元。黑色瑕疵像元可以从白平衡校正中检测出来。具体做法是在正常摄影条件下摄取一幅标准白平衡色板影像,取影像平均灰度值的五分之四作为阈值,若某像元的灰度值小于阈值,则认为该像元为黑色瑕疵像元。剔除的办法是记录此瑕疵像元在数字影像中的行、列号,在处理影像时,由相邻像元的灰度值内插出此点的灰度值。

3.2　近景数码相机的几何误差

镜头畸变就是光学透镜因其固有原因而偏离小孔成像原理所造成的图像失真的所有可能情况。这种畸变对照片质量产生了负面的效果,它可能将不真实、不精确的图像呈现出来,从而传递错误的信息。通常,相机成像过程中的很多因素都会造成非线性失真,例如镜头的装配误差、镜片的曲面误差以及镜头镜片组合间距误差等。这些误差所带来的畸变将无法彻底被消除,这是因为这些是透镜的固有特性(凸透镜汇聚光线、凹透镜发散光线)。但是,通过一些其他途径改善镜头的畸变,使其呈现出来的图像尽可能真实也是一种很好的校正图像的方式。我们一般考虑的透镜畸变有:光学系统缺陷造成的径向畸变,装配误差造成的离心畸变,以及透镜设计、制造和装配误差等原因引起的薄透镜畸变。

一、 数码相机的光学误差

光学误差主要指由数码相机光学物镜畸变引起的数字影像几何误差。非量测相机摄取的影像由于受到畸变差的影响,像片坐标量测产生误差,使得像点、物镜中心和相应地面控制点三者之间的共线关系受到破坏,其结果严重影响摄影测量的精度。物镜畸变差包括辐射方向畸变差和非对称畸变差,由于数码相机物镜与传统相机物镜没什么差别,故对传统相机关于物镜畸变差改正的研究结果可以直接引用。物镜畸变差在影像上一般表现为中心小而周边较大(如图3-1所示)。

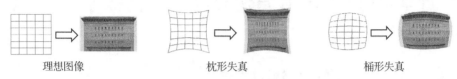

理想图像　　　　　　枕形失真　　　　　　　桶形失真

图3-1　物镜畸变示意图

二、CCD相机的机械误差

机械误差主要指由CCD器件在机械加工时造成的像元排列不规则而使影像产生的几何误差。此外,还有CCD器件不同像元对相同光强信号进行转换所产生的灰度值差异,即像元感光不均匀性误差。随着现代加工工艺水平的提高,这种误差较其他误差要小得多,因而一般不予考虑。

三、CCD相机的电学误差

电学误差即影像信号经A/D转换时产生的影像几何误差,主要包括行同步误差、场同步误差和像素采样误差。上述三种电学误差统称为行抖动误差。这种行抖动误差不仅影响像素的几何位置,也影响像素的灰度值,表现为像点灰度的畸变及像点的移位。在此误差的影响下,目标中的一条理想阶跃边缘在CCD影像上呈现出一种抖动状。这种误差通常可以简化成像素的长宽尺度比例因子与像平面的x轴和y轴不正交所产生的畸变,其表达式为

$$\begin{cases} \delta_x = \alpha(x-x_0) + \beta(y-y_0) \\ \delta_y = \alpha(y-y_0) + \beta(x-x_0) \end{cases} \tag{3-1}$$

式中,x,y是像点的坐标,x_0,y_0是像主点坐标,α,β是待定的畸变系数。综上,像点坐标畸变差综合改正为

$$\begin{cases} \Delta x = (x-x_0)(k_1 r^2 + k_2 r^4 + \cdots) + p_1[r^2 + 2(x-x_0)^2] + \\ \qquad 2p_2(x-x_0)(y-y_0) + \alpha(x-x_0) + \beta(y-y_0) \\ \Delta y = (y-y_0)(k_1 r^2 + k_2 r^4 + \cdots) + p_2[r^2 + 2(y-y_0)^2] + \\ \qquad 2p_1(x-x_0)(y-y_0) + \alpha(y-y_0) + \beta(x-x_0) \end{cases} \tag{3-2}$$

3.3　近景数码相机检校方法分类

一、基于空间后方交会的数码相机检校

1）单片空间后方交会算法的一般形式

由于共线条件方程是航摄像片定向元素的非线性函数，为了便于平差计算和应用，必须进行线性化。所谓线性化，是将原函数按泰勒级数展开，取至一次项，求得原函数一次项的近似表达式。

设像片的内方位元素为 f,x_0,y_0；外方位元素为 $X_S,Y_S,Z_S,\varphi,\omega,\kappa$；地面控制点坐标为 X,Y,Z；地面控制点对应的像点坐标的观测值为 x,y，计算值为 x',y'；内外方位元素和地面控制点的初始值为 $f^0,x_0^0,y_0^0,X_S^0,Y_S^0,Z_S^0,\varphi^0,\omega^0,\kappa^0,X^0,Y^0,Z^0$。令

$$
\begin{cases}
x-x_0+\Delta x=-f\dfrac{a_1(X-X_S)+b_1(Y-Y_S)+c_1(Z-Z_S)}{a_3(X-X_S)+b_3(Y-Y_S)+c_3(Z-Z_S)} \\[4mm]
y-y_0+\Delta y=-f\dfrac{a_2(X-X_S)+b_2(Y-Y_S)+c_2(Z-Z_S)}{a_3(X-X_S)+b_3(Y-Y_S)+c_3(Z-Z_S)}
\end{cases}
\tag{3-3}
$$

$$
\begin{cases}
\mathrm{d}X=X-X^0 \\
\mathrm{d}Y=Y-Y^0 \\
\mathrm{d}Z=Z-Z^0 \\
\mathrm{d}f=f-f^0 \\
\mathrm{d}x_0=x-x^0 \\
\mathrm{d}y_0=y-y^0
\end{cases}
\tag{3-4}
$$

$$
\begin{bmatrix}\overline{X}\\\overline{Y}\\\overline{Z}\end{bmatrix}=
\begin{bmatrix}a_1 & b_1 & c_1\\a_2 & b_2 & c_2\\a_3 & b_3 & c_3\end{bmatrix}
\begin{bmatrix}X-X_S\\Y-Y_S\\Z-Z_S\end{bmatrix}
\tag{3-5}
$$

$$
x'=-f\frac{\overline{X}}{\overline{Z}},\quad y'=-f\frac{\overline{Y}}{\overline{Z}}
$$

则共线条件方程式（3-3）去掉 $\Delta x,\Delta y$，线性化后的近似公式为

$$
\begin{cases}
c_{11}\mathrm{d}X_S+c_{12}\mathrm{d}Y_S+c_{13}\mathrm{d}Z_S+c_{14}\mathrm{d}\varphi+c_{15}\mathrm{d}\omega+c_{16}\mathrm{d}\kappa-c_{11}\mathrm{d}X- \\
\qquad c_{12}\mathrm{d}Y-c_{13}\mathrm{d}Z+c_{17}\mathrm{d}f+c_{18}\mathrm{d}x_0-c_{19}\mathrm{d}y_0-I_x=0 \\
c_{21}\mathrm{d}X_S+c_{22}\mathrm{d}Y_S+c_{23}\mathrm{d}Z_S+c_{24}\mathrm{d}\varphi+c_{25}\mathrm{d}\omega+c_{26}\mathrm{d}\kappa-c_{21}\mathrm{d}X- \\
\qquad c_{22}\mathrm{d}Y-c_{23}\mathrm{d}Z+c_{27}\mathrm{d}f+c_{28}\mathrm{d}x_0-c_{29}\mathrm{d}y_0-I_y=0
\end{cases}
\tag{3-6}
$$

式中：

$$
\begin{cases}
c_{11} = \dfrac{1}{Z}(a_1 f + a_3 x) \\[2mm]
c_{12} = \dfrac{1}{Z}(b_1 f + b_3 x) \\[2mm]
c_{13} = \dfrac{1}{Z}(c_1 f + c_3 x) \\[2mm]
c_{14} = b_1 \dfrac{xy}{f} - b_2 \left(f + \dfrac{x^2}{f} \right) - b_3 y \\[2mm]
c_{15} = -\dfrac{x^2}{f}\sin\kappa - \dfrac{xy}{f}\cos\kappa - f\sin\kappa \\[2mm]
c_{16} = y \\[2mm]
c_{17} = \dfrac{x}{f} \\[2mm]
c_{18} = 1 \\[2mm]
c_{19} = 0 \\[2mm]
I_x = x - x'
\end{cases}
\tag{3-7}
$$

$$
\begin{cases}
c_{21} = \dfrac{1}{Z}(a_2 f + a_3 x) \\[2mm]
c_{22} = \dfrac{1}{Z}(b_2 f + b_3 x) \\[2mm]
c_{23} = \dfrac{1}{Z}(c_2 f + c_3 x) \\[2mm]
c_{24} = b_1 \dfrac{xy}{f} - b_2 \left(f + \dfrac{x^2}{f} \right) - b_3 x \\[2mm]
c_{25} = -\dfrac{y^2}{f}\cos\kappa - \dfrac{xy}{f}\sin\kappa - f\cos\kappa \\[2mm]
c_{26} = -x \\[2mm]
c_{27} = \dfrac{y}{f} \\[2mm]
c_{28} = 0 \\[2mm]
c_{29} = 1 \\[2mm]
I_y = y - y'
\end{cases}
\tag{3-8}
$$

对于地面控制点来说，其地面坐标 X, Y, Z 已知，则 $dX=0, dY=0, dZ=0$，故式（3-5）可写成矩阵形式如下：

$$\begin{bmatrix} c_{11} & c_{12} & c_{13} & c_{14} & c_{15} & c_{16} \\ c_{21} & c_{22} & c_{23} & c_{24} & c_{25} & c_{26} \end{bmatrix} \begin{bmatrix} \mathrm{d}X_S \\ \mathrm{d}Y_S \\ \mathrm{d}Z_S \\ \mathrm{d}\varphi_S \\ \mathrm{d}\omega_S \\ \mathrm{d}\kappa_S \end{bmatrix} + \begin{bmatrix} c_{17} & c_{18} & c_{19} \\ c_{27} & c_{28} & c_{29} \end{bmatrix} \begin{bmatrix} \mathrm{d}f \\ \mathrm{d}x_0 \\ \mathrm{d}y_0 \end{bmatrix} - \begin{bmatrix} I_x \\ I_y \end{bmatrix} = \mathbf{0} \quad (3-9)$$

由式(3-9)组成误差方程为

$$v_x = c_{11}\mathrm{d}X_S + c_{12}\mathrm{d}Y_S + c_{13}\mathrm{d}Z_S + c_{14}\mathrm{d}\varphi + c_{15}\mathrm{d}\omega + c_{16}\mathrm{d}\kappa + c_{17}\mathrm{d}f + c_{18}\mathrm{d}x_0 + c_{19}\mathrm{d}y_0 - I_x$$

$$v_y = c_{21}\mathrm{d}X_S + c_{22}\mathrm{d}Y_S + c_{23}\mathrm{d}Z_S + c_{24}\mathrm{d}\varphi + c_{25}\mathrm{d}\omega + c_{26}\mathrm{d}\kappa + c_{27}\mathrm{d}f + c_{28}\mathrm{d}x_0 + c_{29}\mathrm{d}y_0 - I_y$$

$$(3-10)$$

写成矩阵形式为

$$\mathbf{V} = \mathbf{C}\mathbf{\Delta} + \mathbf{L} \quad (3-11)$$

其中：

$$\mathbf{C} = \begin{bmatrix} c_{11} & c_{12} & c_{13} & c_{14} & c_{15} & c_{16} & c_{17} & c_{18} & c_{19} \\ c_{21} & c_{22} & c_{23} & c_{24} & c_{25} & c_{26} & c_{27} & c_{28} & c_{29} \end{bmatrix}$$

$$\mathbf{\Delta} = \begin{bmatrix} \mathrm{d}X_S & \mathrm{d}Y_S & \mathrm{d}Z_S & \mathrm{d}\varphi & \mathrm{d}\omega & \mathrm{d}\kappa & f & x_0 & y_0 \end{bmatrix}^{\mathrm{T}}, \mathbf{V} = \begin{bmatrix} v_x & v_y \end{bmatrix}^{\mathrm{T}}, \mathbf{L} = \begin{bmatrix} l_x & l_y \end{bmatrix}^{\mathrm{T}}$$

法方程为

$$\mathbf{C}^{\mathrm{T}}\mathbf{C}\mathbf{\Delta} + \mathbf{C}^{\mathrm{T}}\mathbf{L} = \mathbf{0} \quad (3-12)$$

2）带畸变差改正的多片后方交会算法的计算过程

设有 n 张像片，每张像片的控制点数分别为 $n_1, n_2 \cdots, n_m$，共有 m 个控制点，每张像片的外方位元素分别为 $X_{1S}, Y_{1S}, Z_{1S}, \varphi_1, \omega_1, \kappa_1, \cdots, X_{nS}, Y_{nS}, Z_{nS}, \varphi_n, \omega_n, \kappa_n$。假定每张像片的畸变差参数和内方位元素是一致的，即 $p_1, p_2, k_1, k_2, k_3, x_0, y_0, f$。

（1）读入每张像片的原始数据，包括每张像片的控制点的物空间坐标 (X, Y, Z)，每张像片的控制点对应像点的观测坐标 (x, y)。

（2）确定待定内、外方位元素和畸变差参数的初始值。将 DLT 的计算结果作为内、外方位元素的初始值是最佳选择，否则取内方位元素 f 的初始值 f_0 为数码相机物镜的标称焦距，x_0 和 y_0 的初始值都取 0；外方位元素 X_S 的初始值 X_S^0 和 Y_S 的初始值 Y_S^0 分别取每张像片的地面控制点的 X 和 Y 坐标的算术平均值，Z_S 的初始值 Z_S^0 取摄影距离值；外方位角元素 φ, ω, κ 的初始值 $\varphi_0, \omega_0, \kappa_0$ 依据实际摄影时角度的估算值取；畸变差参数 p_1, p_2, k_1, k_2, k_3 的初始值取 0。

（3）把每张像片的原始数据和待定参数的初始值代入式(3-4)、式(3-5)、(3-7)和式(3-8)，求出式(3-11)的系数矩阵 C 和常数矩阵 L。

（4）把系数矩阵 C 和常数矩阵 L 代入法方程(3-12)，解出每张像片的内、外方位元素和畸变差参数的改正数 $dX_{1S}, dY_{1S}, dZ_{1S}, d\varphi_1, d\omega_1, d\kappa_1, \cdots, dX_{nS}, dY_{nS}, dZ_{nS}, d\varphi_n, d\omega_n, d\kappa_n, dp_1, dp_2, dk_1, dk_2, dk_3, dx_0, dy_0, df$。代入过程中注意控制点坐标、像点坐标与外方位元素的对应关系。

（5）将改正数增加到原来的数值上，计算出改正后的内、外方位元素和畸变差参数，然后代入式(3-4)、式(3-5)、(3-7)和式(3-8)，通过式(3-11)求出新的系数矩阵 C 和常数矩阵 L。

（6）重复步骤(4)和步骤(5)，直到改正数小于限差为止，得出最后的待定参数 p_1, $p_2, k_1, k_2, k_3, x_0, y_0, f$。

二、　基于直接线性变换的数码相机检校

对于非量测数码相机来说，主距 f 是未知数且没有框标。DLT 是直接建立起像空间坐标与物空间坐标关系式的一种算法，计算中无需内方位元素数据（故相机无需设置框标），无需初始值，非常适用于数码相机的检定。但是常规的 DLT 算法精度较低，不易收敛，解算困难，特别是当物方目标之间存在较小高差时，无法同时解算内方位元素和像片的姿态。因此，采用 DLT 变换参数和畸变差参数、主点坐标分组迭代解算的办法进行非量测相机的内方位及畸变差的检定，实验取得了较好的结果。

1）DLT 算法的一般形式

假设像片上以任意点为原点的坐标 $A(x, y)$ 经改正各线性误差后，与像片坐标 $B(x', y')$ 的关系式如下所示：

$$\begin{aligned} x' &= \alpha_1 + \alpha_2 x + \alpha_3 y \\ y' &= \beta_1 + \beta_2 x + \beta_3 y \end{aligned} \qquad (3-13)$$

式中，α_i, β_i 是各项线性误差的改正系数。

像点与地面控制点之间的坐标关系式满足严格意义上的共线条件方程，如下所示：

$$\begin{cases} x = -f\dfrac{a_1(X-X_S) + b_1(Y-Y_S) + c_1(Z-Z_S)}{a_3(X-X_S) + b_3(Y-Y_S) + c_3(Z-Z_S)} \\[4mm] y = -f\dfrac{a_2(X-X_S) + b_2(Y-Y_S) + c_2(Z-Z_S)}{a_3(X-X_S) + b_3(Y-Y_S) + c_3(Z-Z_S)} \end{cases} \qquad (3-14)$$

式中：(x, y)——像平面坐标；

f——主距；

X_S, Y_S, Z_S——摄站点坐标；

a_i, b_i, c_i——旋转矩阵元素。

将式(3-13)代入共线条件方程(3-14)中,经整理得出直接线性变换方程为

$$\begin{cases} x + \dfrac{l_1 X + l_2 Y + l_3 Z + l_4}{l_9 X + l_{10} Y + l_{11} Z + 1} = 0 \\ y + \dfrac{l_5 X + l_6 Y + l_7 Z + l_8}{l_9 X + l_{10} Y + l_{11} Z + 1} = 0 \end{cases} \tag{3-15}$$

其中,$l_1 \sim l_{11}$为11个变换参数;X, Y, Z为点的物空间坐标;x, y为点对应的像点坐标。

$$\begin{cases} x_0 = -(l_1 l_9 + l_2 l_{10} + l_3 l_{11})/(l_9^2 + l_{10}^2 + l_{11}^2) \\ y_0 = -(l_5 l_9 + l_6 l_{10} + l_7 l_{11})/(l_9^2 + l_{10}^2 + l_{11}^2) \end{cases} \tag{3-16}$$

可以看出DLT算法的11个变换参数是外方位元素、主距、主点坐标以及 α_i 和 β_i 的函数,在每张像片的11个变换参数已知的情况下,也可以反求出每张像片的9个内、外方位元素,计算顺序和公式如下:

$$\begin{cases} f_x^2 = x_0^2 + (l_1^2 + l_2^2 + l_3^2)/(l_9^2 + l_{10}^2 + l_{11}^2) \\ f_y^2 = y_0^2 + (l_5^2 + l_6^2 + l_7^2)/(l_9^2 + l_{10}^2 + l_{11}^2) \\ f = \dfrac{1}{2}(f_x + f_y) \end{cases} \tag{3-17}$$

$$\begin{cases} a_1 = \dfrac{1}{f_x}\left[L_1/(l_9^2 + l_{10}^2 + l_{11}^2)^{\frac{1}{2}} + a_3 x_0\right] \\ b_1 = \dfrac{1}{f_x}\left[L_2/(l_9^2 + l_{10}^2 + l_{11}^2)^{\frac{1}{2}} + b_3 x_0\right] \\ c_1 = \dfrac{1}{f_x}\left[L_3/(l_9^2 + l_{10}^2 + l_{11}^2)^{\frac{1}{2}} + c_3 x_0\right] \\ a_2 = \dfrac{1}{f_x}\left[L_5/(l_9^2 + l_{10}^2 + l_{11}^2)^{\frac{1}{2}} + a_3 y_0\right] \\ b_2 = \dfrac{1}{f_x}\left[L_6/(l_9^2 + l_{10}^2 + l_{11}^2)^{\frac{1}{2}} + b_3 y_0\right] \\ c_2 = \dfrac{1}{f_x}\left[L_7/(l_9^2 + l_{10}^2 + l_{11}^2)^{\frac{1}{2}} + c_3 y_0\right] \\ a_3 = L_9/(l_9^2 + l_{10}^2 + l_{11}^2)^{\frac{1}{2}} \\ b_3 = L_{10}/(l_9^2 + l_{10}^2 + l_{11}^2)^{\frac{1}{2}} \\ c_3 = L_{11}/(l_9^2 + l_{10}^2 + l_{11}^2)^{\frac{1}{2}} \end{cases} \tag{3-18}$$

X_S, Y_S, Z_S 由方程组(3-19)解出:

$$\begin{cases} a_3 X_S + b_3 Y_S + c_3 Z_S + L' = 0 \\ x_0 - f_x(a_3 X_S + b_3 Y_S + c_3 Z_S)/L' + L_4 = 0 \\ y_0 - f_y(a_3 X_S + b_3 Y_S + c_3 Z_S)/L' + L_8 = 0 \end{cases} \tag{3-19}$$

式中,$L' = 1/(l_9^2 + l_{10}^2 + l_{11}^2)^{\frac{1}{2}}$。

下面通过 MATLAB 实现基于 DLT 的数码相机检校。思路如下:通过像点坐标 (x, y) 和对应的控制点坐标 (X, Y, Z) 解算出直接线性变换系数 l_i,然后通过 l_i 计算出焦距和主点坐标,同样可以根据前面的公式计算出旋转矩阵元素 a_i, b_i, c_i 和外方位元素 X_S, Y_S, Z_S。完整代码如下(文件名为 DLT.m,本代码仅可实现焦距和主点计算):

```
x=[330.500, 239.700, 1558.00, 1504.60, 84.7000, 134.500, 173.200, 215.700, 273.300,
303.200, 335.600, 374.600, 417.400, 468.400, 509.300, 554.600, 590.600, 635.100, 670.400,
714.400, 759.000, 809.300, 1107.90, 1180.50, 1265.20, 1345.70, 1431.20, 1514.00];
y=[984.60, 107.20, 156.60, 1003.8, 1001.7, 1005.1, 1006.4, 1011.8, 1011.8, 1013.2, 1018.6,
1017.6, 1019.3, 1022.0, 1022.1, 1026.1, 1025.9, 1027.0, 1028.2, 1034.7, 1032.8, 1034.9, 1038.5,
1039.7, 1038.9, 1037.7, 1038.0, 1036.2];
X=[80078.69, 80078.02, 80102.81, 80104.26, 80073.01, 80074.16, 80075.03, 80076.00, 80077.31,
80077.97, 80078.69, 80079.56, 80080.48, 80081.63, 80082.50, 80083.51, 80084.30, 80085.26,
80086.02, 80086.95, 80087.91, 80089.01, 80095.48, 80097.08, 80098.94, 80100.78, 80102.70,
80104.63];
Y=[40110.56, 40092.27, 40092.27, 40110.55, 40111.44, 40111.47, 40111.45, 40111.50, 40111.44,
40111.44, 40111.51, 40111.45, 40111.46, 40111.45, 40111.42, 40111.47, 40111.44, 40111.41,
40111.43, 40111.53, 40111.45, 40111.47, 40111.47, 40111.49, 40111.42, 40111.44, 40111.39,
40111.43];
Z=[-1059.37, -1056.79, -1056.80, -1059.27, -1059.33, -1059.33, -1059.33, -1059.38,
-1059.33, -1059.33, -1059.38, -1059.34, -1059.34, -1059.34, -1059.33, -1059.38, -1059.34,
-1059.34, -1059.34, -1059.37, -1059.34, -1059.34, -1059.31, -1059.31, -1059.37, -1059.31,
-1059.37, -1059.32];
A=[x;y];
B=[X',Y',Z']*1;
imco=A;% 单位:pix
obco=B;% 控制点坐标:m
imco_be=[];B=[];M=[];
for i=1:size(imco,2)
  imco_be=[imco_be;imco(:,i)];
end
for i=1:size(imco,2)
  A1=[obco(i,:),1,0,0,0,0];
  A2=[0,0,0,0,obco(i,:),1];
  M=[M;A1;A2];
  B1=obco(i,:).*imco_be(2*i-1);
  B2=obco(i,:).*imco_be(2*i);
  B=[B;B1;B2];
end
```

```
M=[M,B];
N=M(1:11,:);
L=N\(-imco_be(1:11,:));
X0=-((L(1)*L(9)+L(2)*L(10)+L(3)*L(11))/(L(9)*L(9)+L(10)*L(10)+L(11)*L(11)));
Y0=-((L(5)*L(9)+L(6)*L(10)+L(7)*L(11))/(L(9)*L(9)+L(10)*L(10)+L(11)*L(11)));
L=[L;0];M3=[];W=[];
for i=1:size(imco,2)
  xyz=obco(i,:);
  A=xyz(1)*L(9)+xyz(2)*L(10)+xyz(3)*L(11)+1;r2=(imco_be(2*i-1)-X0)*(imco_be(2*i-1)-X0)+(imco_be(2*i)-Y0)*(imco_be(2*i)-Y0);
  M1=[A*(imco_be(2*i-1)-X0)*r2;A*(imco_be(2*i)-Y0)*r2];
  M2=-[M(2*i-1:2*i,:),M1]/A;
  M3=[M3;M2];
  W=[W;-[imco_be(2*i-1);imco_be(2*i)]]/A;
end
  WP=M3'*W;
  NBBN=inv(M3'*M3);
  LP=-NBBN*WP;
  v=M3*LP+W;
  imco_be=imco_be+v;
X0=-(LP(1)*LP(9)+LP(2)*LP(10)+LP(3)*LP(11))/(LP(9)*LP(9)+LP(10)*LP(10)+LP(11)*LP(11));
Y0=-(LP(5)*LP(9)+LP(6)*LP(10)+LP(7)*LP(11))/(LP(9)*LP(9)+LP(10)*LP(10)+LP(11)*LP(11));
FX=(-X0*X0+(LP(1)*LP(1)+LP(2)*LP(2)+LP(3)*LP(3))/(LP(9)*LP(9)+LP(10)*LP(10)+LP(11)*LP(11)))^0.5;
V1(1)=FX;
V0(1)=v'*v;
for J=1:1:8% 由此控制迭代平差次数
  M3=[];
  W=[];
  for i=1:size(imco,2)
    xyz=obco(i,:);
    A=xyz(1)*LP(9)+xyz(2)*LP(10)+xyz(3)*LP(11)+1;
r2=(imco_be(2*i-1)-X0)*(imco_be(2*i-1)-X0)+(imco_be(2*i)-Y0)*(imco_be(2*i)-Y0);
    M1=[A*(imco_be(2*i-1)-X0)*r2;A*(imco_be(2*i)-Y0)*r2];
    M2=-[M(2*i-1:2*i,:),M1]/A;
    M3=[M3;M2];
    W=[W;-[imco_be(2*i-1);imco_be(2*i)]]/A;
  end
  WP=M3'*W;
  NBBN=inv(M3'*M3);
  LP=-NBBN*WP;
  v=M3*LP+W;
  imco_be=imco_be+v;
  X0=-(LP(1)*LP(9)+LP(2)*LP(10)+LP(3)*LP(11))/(LP(9)*LP(9)+LP(10)*LP(10)+LP(11)*LP(11));
```

```
Y0=-(LP(5)*LP(9)+LP(6)*LP(10)+LP(7)*LP(11))/(LP(9)*LP(9)+LP(10)*LP(10)+
LP(11)*LP(11));
FX=(-X0*X0+(LP(1)*LP(1)+LP(2)*LP(2)+LP(3)*LP(3))/(LP(9)*LP(9)+LP(10)*
LP(10)+LP(11)*LP(11)))^0.5;
  V1(J+1,:)=FX;
  V2(J,:)=V1(J+1)-V1(J);
  V0(J+1,:)=v'*v;
end
FX=(-X0*X0+(LP(1)*LP(1)+LP(2)*LP(2)+LP(3)*LP(3))/(LP(9)*LP(9)+LP(10)*
LP(10)+LP(11)*LP(11)))^0.5;
FY=(-Y0*Y0+(LP(5)*LP(5)+LP(6)*LP(6)+LP(7)*LP(7))/(LP(9)*LP(9)+LP(10)*
LP(10)+LP(11)*LP(11)))^0.5;
% F X0 Y0 为内方位元素
format
F=(FX+FY)/2;
% F
% X0
% Y0
xyf=[F,X0,Y0]
LP'
```

代码输出结果如下：

```
xyf=
  1.0e+06*
  0.0562    -1.3064    0.0018
ans=
  1.0e+20*
  0.0000    -0.0137    -0.1265    5.1773    -0.000    -0.000
  0.002     2.1127     0.000     -0.000     -0.000    0.0000
```

2）带畸变差改正的 DLT 算法

在直接线性变换方程中加入像点坐标改正数 $\Delta x, \Delta y$,则方程式变为

$$\begin{cases} x-x_0+\Delta x+\dfrac{l_1X+l_2Y+l_3Z+l_4}{l_9X+l_{10}Y+l_{11}Z+1}=0 \\ y-y_0+\Delta y+\dfrac{l_5X+l_6Y+l_7Z+l_8}{l_9X+l_{10}Y+l_{11}Z+1}=0 \end{cases} \tag{3-20}$$

坐标改正数 $\Delta x, \Delta y$ 的具体函数如下式所示：

$$\begin{cases} \Delta x=(x-x_0)(k_1r^2+k_2r^4+\cdots)+p_1[r^2+2(x-x_0)^2]+ \\ \qquad 2p_2(x-x_0)(y-y_0)+\alpha(x-x_0)+\beta(y-y_0) \\ \Delta y=(y-y_0)(k_1r^2+k_2r^4+\cdots)+p_2[r^2+2(y-y_0)^2]+ \\ \qquad 2p_1(x-x_0)(y-y_0)+\alpha(y-y_0)+\beta(x-x_0) \end{cases} \tag{3-21}$$

由此可以看出,已知一定数量的控制点就可以计算出 l_i 参数和畸变差参数。如果所

用相机为数码相机,则底片变形及仪器轴线误差可忽略不计,并忽略镜头畸变差改正的高次项,于是畸变差参数有 7 个,即 $k_1, k_2, k_3, p_1, p_2, b_1, b_2$,以及 11 个 l_i 参数,共 18 个参数,因此至少要有 9 个控制点。

由式(3-21)组成的误差方程为

$$\begin{cases} v_x = -[l_1 X + l_2 Y + l_3 Z + l_4 + x l_9 X + x l_{10} Y + x l_{11} Z]/A - (x - x_0)(k_1 r^2 + k_2 r^4 + \cdots) - \\ \qquad P_1[r^2 + 2(x - x_0)^2] - 2P_2(x - x_0)(y - y_0) - b_1(x - x_0) - b_2(y - y_0) - x/A \\ v_y = -[l_5 X + l_6 Y + l_7 Z + l_8 + y l_9 X + y l_{10} Y + y l_{11} Z]/A - (y - y_0)(k_1 r^2 + k_2 r^4 + \cdots) - \\ \qquad P_2[r^2 + 2(y - y_0)^2] - 2P_1(x - x_0)(y - y_0) - b_1(y - y_0) - b_2(x - x_0) - y/A \end{cases}$$

$$(3-22)$$

写成矩阵形式为

$$\boldsymbol{V} = \boldsymbol{C} \cdot \boldsymbol{\Delta} + \boldsymbol{L} \tag{3-23}$$

其中:

$$\boldsymbol{C} = -\frac{1}{A} \begin{bmatrix} X & Y & Z & 1 & 0 & 0 & 0 & 0 & xX & xY & xZ & A(x-x_0)r^2 & A(x-x_0)r^4 \\ 0 & 0 & 0 & 0 & X & Y & Z & 1 & yX & yY & yZ & A(y-y_0)r^2 & A(y-y_0)r^4 \end{bmatrix}$$

$$\begin{matrix} A(x-x_0)r^6 & A[r^2+2(x-x_0)^2] & 2A(x-x_0)(y-y_0) & A(x-x_0) & A(y-y_0) \\ A(y-y_0)r^6 & A(x-x_0)(y-y_0) & A[r^2+2(y-y_0^2)] & A(y-y_0) & A(x-x_0) \end{matrix} \Big]$$

$$\boldsymbol{\Delta} = [l_1 \quad \sim \quad l_{11} \quad p_1 \quad p_2 \quad k_1 \quad k_2 \quad k_3 \quad b_1 \quad b_2]^{\mathrm{T}}, A = l_9 X + l_{10} Y + l_{11} Z + l$$

$$\boldsymbol{V} = [v_x \quad v_y]^{\mathrm{T}}, \boldsymbol{L} = -\frac{1}{A}[x \quad y]^{\mathrm{T}}$$

法方程式为

$$\boldsymbol{C}^{\mathrm{T}} \boldsymbol{C} \boldsymbol{\Delta} + \boldsymbol{C}^{\mathrm{T}} \boldsymbol{L} = \boldsymbol{0} \tag{3-24}$$

3) 带畸变差改正的多片分组 DLT 算法

由于上文中 $l_1 \sim l_{11}, x_0, y_0$ 之间有相关性且实验场高差不大,整体解算不易收敛,文献[101]给出了采用二维单片分组求解 DLT 系数和畸变差参数后再交替迭代的方法,在此基础上,本小节采取三维多片分组迭代求解 DLT 系数、内方位元素和畸变差参数,具体说明如下:

(1) 解算 l_i 参数

由式(3-21)和式(3-22)联立可得求解 DLT 系数的误差方程为

$$\begin{cases} v_x = -(l_1 X + l_2 Y + l_3 Z + l_4)/A - l_9 X(x' + \Delta x)/A - l_{10} Y(x' + \Delta x)/A - \\ \qquad l_{11} Z(x' + \Delta x)/A - (x' + \Delta x)/A \\ v_y = -(l_5 X + l_6 Y + l_7 Z + l_8)/A - l_9 X(y' + \Delta y)/A - l_{10} Y(y' + \Delta y)/A - \\ \qquad l_{11} Z(y' + \Delta y)/A - (y' + \Delta y)/A \end{cases}$$

$$(3-25)$$

其中，$x' = x - x_0$，$y' = y - y_0$。写成矩阵形式为

$$V = C \cdot \Delta + L \tag{3-26}$$

其中：

$$C = -\frac{1}{A} \begin{bmatrix} X & Y & Z & 1 & 0 & 0 & 0 & 0 & A(x'+x_0)X & A(x'+x_0)Y & A(x'+x_0)Z \\ 0 & 0 & 0 & 0 & X & Y & Z & 1 & A(y'+y_0)X & A(y'+y_0)Y & A(y'+y_0)Z \end{bmatrix}$$

$$\Delta = [l_1 \sim l_{11}]^{\mathrm{T}}, \quad V = [v_x \quad v_y]^{\mathrm{T}}, \quad l = -\frac{1}{A}[x'+\Delta x \quad y'+\Delta y]^{\mathrm{T}}$$

法方程为

$$C^{\mathrm{T}}C\Delta + C^{\mathrm{T}}L = 0 \tag{3-27}$$

（2）解算内方位元素和畸变差参数

$$x_0 - \Delta x = x + l_x/A$$
$$y_0 - \Delta y = y + l_y/A \tag{3-28}$$

为了减弱 $l_1 \sim l_{11}$，x_0，y_0 之间的相关性对解的影响，把 x_0，y_0 也看作未知数与畸变差参数一并解算。因为 b_1，b_2 很小，通常在 $10^{-5} \sim 10^{-6}$ 数量级，所以可以将其忽略。由式（3-20）可得 $l_x = l_1 X + l_2 Y + l_3 Z + l_4$，$l_y = l_5 X + l_6 Y + l_7 Z + l_8$。式（3-28）和式（3-21）联立可得误差方程为

$$\begin{cases} v_x = -(k_1 r^2 + k_2 r^4 + \cdots)x' - P_1(r^2 + 2x'^2) - 2P_2 x'y' + x_0 - x - l_x/A \\ v_y = -(k_1 r^2 + k_2 r^4 + \cdots)y' - P_2(r^2 + 2y'^2) - 2P_1 x'y' + y_0 - y - l_y/A \end{cases} \tag{3-29}$$

写成矩阵形式为

$$V = C\Delta + L \tag{3-30}$$

其中：

$$C = -\begin{bmatrix} r^2 x' & r^4 x' & r^6 x' & r^2 + 2x'^2 & 2x'y' & -l_x & 0 \\ r^2 y' & r^4 y' & r^6 y' & 2x'y' & r^2 + 2y'^2 & 0 & -l_y \end{bmatrix} \tag{3-31}$$

$$\Delta = [k_1 \quad k_2 \quad k_3 \quad p_1 \quad p_2 \quad x_0 \quad y_0]^{\mathrm{T}}, \quad V = [v_x \quad v_y]^{\mathrm{T}}, \quad L = -[x + l_x/A \quad y + l_y/A]^{\mathrm{T}}$$

法方程为

$$C^{\mathrm{T}}C\Delta + C^{\mathrm{T}}L = 0 \tag{3-32}$$

4）带畸变差改正的多片分组 DLT 算法的计算过程

设有 n 张像片，每张像片的控制点数分别为 n_1，n_2，$\cdots$，n_n，每张像片的 DLT 系数分别为 $l_1 \sim l_{11}$，$\cdots$，$l_{n1} \sim l_{n11}$。假定每张像片的畸变差参数和像主点坐标是一致的，即 p_1，p_2，k_1，k_2，k_3，x_0，y_0。

（1）取 A 和 Δx 的初始值分别为 1 和 0，把每张像片的控制点的像坐标和地面坐标分

别代入式(3-26),法化后解算出 $l_1 \sim l_{11}, \cdots, l_{n1} \sim l_{n11}$,然后反算出每个地面控制点的像点坐标,剔除粗差。

（2）把所有像片上的像点坐标、地面控制点坐标和解算出的 l 系数代入式(3-30)中,法化后解算出 $p_1, p_2, k_1, k_2, k_3, x_0, y_0$。代入过程中注意控制点坐标与 l 系数的对应关系。

（3）重新计算 A 和 Δx 的值,把每张像片的控制点的像坐标和地面坐标分别代入式(3-26),法化后解算出新的 $l_1 - l_{11}, \cdots, l_{n1} - l_{n11}$。

（4）把所有像片上的像点坐标、地面控制点坐标和新解算出的 l 系数代入式(3-30)中,法化后解算出新的 $p_1, p_2, k_1, k_2, k_3, x_0, y_0$。

（5）重复步骤(3)和步骤(4),直到所有参数都满足限差为止。

（6）根据式(3-18)计算主距 f,输出计算结果 $p_1, p_2, k_1, k_2, k_3, x_0, y_0, f$。

三、 基于张正友平面模板标定法的数码相机检校

1) 张正友平面模板标定法的原理

采用传统方法建立三维检校场的工程比较大,且制作成本高,于是张正友提出了基于二维标定物的平面两步标定方法。这是一种基于移动平面模板的摄像机标定方法,只需将一张带已知尺寸方块图样的模板打印下来粘贴在平板上,在两个以上不同方位对平面模板进行图像采集。标定时,无须知道摄像机和平面模板的具体位置,摄像机和平面模板均可以自由移动,且无须知道运动参数,利用拍得的图像即可标定摄像机的内部参数并确定摄像机与平面模板之间的相对位置关系。

总体说来,张正友平面模板标定法的实现主要分为两个步骤:第一步,根据合适的几何关系计算出个别的内、外方位元素的初始值,这些参数的解算采用的是较为简便的线性计算方式;第二步,以建立的非线性相机模型为参考,对上一步所获得的参数初始值进行非线性优化,再使用求解得到的映射矩阵以及内部参数值求出每幅标定图像的外部参数。下面介绍张正友平面模板标定法的具体实现步骤。

如图 3-2 所示,假设靶标上的物方点坐标记为 $\boldsymbol{M}=[X \quad Y \quad Z]^{\mathrm{T}}$,其对应的二维像平面坐标系中的坐标点记为 $\boldsymbol{m}=[u \quad v]^{\mathrm{T}}$,三维点与二维点相对应的齐次坐标分别记为 $\overline{\boldsymbol{M}}=[X \quad Y \quad Z \quad 1]^{\mathrm{T}}, \overline{\boldsymbol{m}}=[u \quad v \quad 1]^{\mathrm{T}}$,两者之间的关系可以表示为

$$s\overline{\boldsymbol{m}}=\boldsymbol{A}[\boldsymbol{R} \quad \boldsymbol{t}]\overline{\boldsymbol{M}} \tag{3-33}$$

式中,s 为缩放系数;$\boldsymbol{R}$ 和 $\boldsymbol{t}$ 为相机的外部参数矩阵,即坐标转化过程中的旋转矩阵(3×1)和平移矩阵(3×1);$\boldsymbol{A}$ 为相机的内部参数矩阵,可表示为

$$A = \begin{bmatrix} \alpha & \gamma & u_0 \\ 0 & \beta & v_0 \\ 0 & 0 & 1 \end{bmatrix} \tag{3-34}$$

式中：α——u 轴的缩放系数；

　　　β——v 轴的缩放系数；

　　　γ——u、v 轴的不垂直因子；

u_0、v_0——像主点坐标。

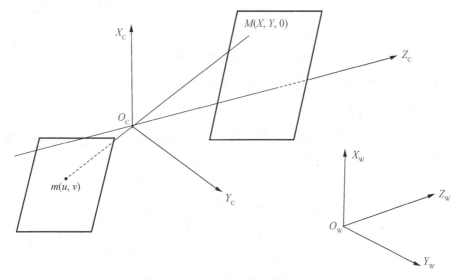

图 3-2　张正友平面模板标定法模型

不失一般性，假设靶标平面在世界坐标系的 $X_wO_wY_w$ 平面上，即 $Z=0$。令 R 的第 i 列为 v_i，则根据式（3-33）可得

$$s\begin{bmatrix} u \\ v \\ 1 \end{bmatrix} = A\begin{bmatrix} r_1 & r_2 & r_3 & t \end{bmatrix}\begin{bmatrix} X \\ Y \\ 0 \\ 1 \end{bmatrix} = A\begin{bmatrix} r_1 & r_2 & t \end{bmatrix}\begin{bmatrix} X \\ Y \\ 1 \end{bmatrix} \tag{3-35}$$

此时 $M=\begin{bmatrix} X & Y \end{bmatrix}^T$，则对应的齐次式为 $\overline{M}=\begin{bmatrix} X & Y \end{bmatrix}^T$。因此，靶标平面上的点 M 与其对应的二维像点 m 间存在一个单应矩阵 H，即

$$s\overline{m} = H\overline{M} \tag{3-36}$$

其中，$H=\lambda A\begin{bmatrix} r_1 & r_2 & t \end{bmatrix}=\begin{bmatrix} h_1 & h_2 & h_3 \end{bmatrix}$（$\lambda$ 为常数因子），则

$$\begin{bmatrix} h_1 & h_2 & h_3 \end{bmatrix} = \lambda A\begin{bmatrix} r_1 & r_2 & t \end{bmatrix} \tag{3-37}$$

式中，t 是从世界坐标系的原点到相机光心的矢量，r_1 和 r_2 是图像平面的坐标轴在世界

坐标系当中的方向矢量,所以 t 不会在方向矢量 r_1 和 r_2 所构成的平面上,且 r_1 和 r_2 正交,则 $\det[\begin{matrix} r_1 & r_2 & t \end{matrix}]\neq 0$。又 $\det[A]\neq 0$,所以 $\det[H]\neq 0$。

因此,若能求得单应矩阵 H,就可以由式(3-36)求得各角点的图像坐标。H 的求解是实际中的图像坐标 m 根据式(3-33)计算得到的图像坐标期望值 $\overline{m}$ 残差最小的过程,即 H 的最大似然估计应当满足最小方差和:

$$\min \sum_i \| m_i - \hat{m}_i \| \tag{3-38}$$

其中,$RR^{\mathrm{T}}=I$,所以 $r_1^{\mathrm{T}}r_2=0,r_1^{\mathrm{T}}r_1=r_2^{\mathrm{T}}r_2$,则由式(3-37)可得如下两个基本方程:

$$\begin{cases} h_1^{\mathrm{T}}A^{-\mathrm{T}}A^{-1}h_2=0 \\ h_1^{\mathrm{T}}A^{-\mathrm{T}}A^{-1}h_1=h_2^{\mathrm{T}}A^{-\mathrm{T}}A^{-1}h_2 \end{cases} \tag{3-39}$$

空间上的二次曲线可以表示为 $\overline{X}^{\mathrm{T}}B\overline{X}=0,\overline{X}=(X \quad Y \quad Z \quad 1)^{\mathrm{T}}$;平面上的二次曲线可以表示为 $\overline{X}^{\mathrm{T}}B\overline{X}=0,\overline{X}=(X \quad Y \quad Z)^{\mathrm{T}}$。空间和平面上 B 分别为 4×4 和 3×3 的对称矩阵,且 B 乘以任何一个非零标量,仍然表述同一二次曲线,因此 $A^{-\mathrm{T}}A^{-1}$ 其实是表示绝对二次曲线在图像平面上的投影。

令

$$B = A^{-\mathrm{T}}A^{-1} = \begin{bmatrix} B_{11} & B_{12} & B_{13} \\ B_{21} & B_{22} & B_{23} \\ B_{31} & B_{32} & B_{33} \end{bmatrix}$$

$$= \begin{bmatrix} \dfrac{1}{\alpha^2} & \dfrac{-\gamma}{\alpha^2\beta} & \dfrac{v_0\gamma-u_0\beta}{\alpha^2\beta} \\[3mm] -\dfrac{\gamma}{\alpha^2\beta} & \dfrac{\gamma^2}{\alpha^2\beta^2}+\dfrac{1}{\beta^2} & -\dfrac{\gamma(v_0\gamma-u_0\beta)}{\alpha^2\beta^2}-\dfrac{v_0}{\beta^2} \\[3mm] \dfrac{v_0\gamma-u_0\beta}{\alpha^2\beta} & -\dfrac{\gamma(v_0\gamma-u_0\beta)}{\alpha^2\beta^2}-\dfrac{v_0}{\beta^2} & \dfrac{(v_0\gamma-u_0\beta)^2}{\alpha^2\beta^2}+\dfrac{v_0^2}{\beta^2}+1 \end{bmatrix} \tag{3-40}$$

B 为对称矩阵,可表示为

$$b=[\begin{matrix} B_{11} & B_{12} & B_{13} & B_{14} & B_{15} & B_{16} \end{matrix}]^{\mathrm{T}} \tag{3-41}$$

设 H 中的第 i 列向量为 $h_i=[\begin{matrix} h_{i1} & h_{i2} & h_{i3} \end{matrix}]^{\mathrm{T}}$,则有

$$h_i^{\mathrm{T}}Bh_j=v_{ij}^{\mathrm{T}}b \tag{3-42}$$

其中:

$$v_{ij}=[\begin{matrix} h_{i1}h_{j1} & h_{i1}h_{j2}+h_{i2}h_{j1} & h_{i2}h_{j2} & h_{i3}h_{j1}+h_{i1}h_{j3} & h_{i3}h_{j2}+h_{i2}h_{j3} & h_{i3}h_{j3} \end{matrix}]^{\mathrm{T}} \tag{3-43}$$

则式(3-39)可改写为

$$\begin{bmatrix} \boldsymbol{v}_{12}^{\mathrm{T}} \\ (\boldsymbol{v}_{11}-\boldsymbol{v}_{22})^{\mathrm{T}} \end{bmatrix} \boldsymbol{b}=\boldsymbol{0} \qquad (3-44)$$

从不同方向对靶标平面拍摄 n 幅照片,并且将这 n 个方程组叠加可得

$$\boldsymbol{V}\boldsymbol{b}=\boldsymbol{0} \qquad (3-45)$$

其中,$\boldsymbol{V}$ 为 $2n\times6$ 的矩阵。如果 $n=2$,可加上附加约束 $\gamma=\boldsymbol{0}$,此时 $\begin{bmatrix} 0 & 1 & 0 & 0 & 0 & 0 \end{bmatrix}\boldsymbol{b}=\boldsymbol{0}$ 可作为式(3-45)的附加方程。如果 $n\geqslant3$,$\boldsymbol{b}$ 可以在相差一个尺度因子的意义之下,唯一地确定或通过解方程组得到一个最优解。式(3-45)的解是矩阵 $\boldsymbol{V}^{\mathrm{T}}\boldsymbol{V}$ 的最小特征值对应的特征向量。如若 $n=1$,则只有再假设像主点坐标在图像中心,代入式(3-40)与(3-44)就可再得到一个约束,并将其叠加到式(3-45)进行求解。

求得 $\boldsymbol{b}$ 以后,相机的内部参数便可以解算出来。在矩阵 $\boldsymbol{B}$ 中引入一个比例因子,即 $\boldsymbol{B}=\lambda\boldsymbol{A}^{-\mathrm{T}}\boldsymbol{A}^{-1}$,则相机的内部参数为

$$\alpha=\sqrt{\frac{\lambda}{B_{11}}}\;;\beta=\sqrt{\frac{\lambda B_{11}}{B_{11}B_{22}-B_{12}^2}}\;;u_0=\frac{\gamma v_0}{\alpha}-\frac{\alpha^2 B_{13}}{\lambda}$$

$$v_0=\frac{B_{12}B_{13}-B_{11}B_{23}}{B_{11}B_{22}-B_{12}^2}\;;\lambda=B_{33}-\frac{(B_{12}B_{13}-B_{11}B_{23})v_0+B_{13}^2}{B_{11}B_{22}-B_{12}^2} \qquad (3-46)$$

$$\gamma=-\frac{\alpha^2\beta B_{12}}{\lambda}$$

利用矩阵分解法求出 $\boldsymbol{A}^{-1}$,再求逆可得 $\boldsymbol{A}$,则根据式(3-37)可解得以下参数:

$$\boldsymbol{r}_1=\lambda\boldsymbol{A}^{-1}\boldsymbol{h}_1,\boldsymbol{r}_2=\lambda\boldsymbol{A}^{-1}\boldsymbol{h}_2,\boldsymbol{r}_3=\boldsymbol{r}_1\times\boldsymbol{r}_2,\boldsymbol{t}=\lambda\boldsymbol{A}^{-1}\boldsymbol{r}_3 \qquad (3-47)$$

其中,$\lambda=\dfrac{1}{\parallel\boldsymbol{A}^{-1}\boldsymbol{h}_1\parallel}=\dfrac{1}{\parallel\boldsymbol{A}^{-1}\boldsymbol{h}_2\parallel}$。

一般情况下,相机镜头都是存在畸变的,因此将上述求得的参数作为初始值进行优化搜索,可以计算出各参数的精确值。对于精确值的求解,可以通过最大似然估计法对所得各参数进行非线性优化。对于解的最大似然估计可以通过式(3-48)求极小值:

$$\sum_{i=1}^{n}\sum_{j=1}^{m}\parallel\boldsymbol{m}_{ij}-\hat{\boldsymbol{m}}(\boldsymbol{A},k_1,k_2,\boldsymbol{R}_i,\boldsymbol{t}_i,\boldsymbol{M}_j)\parallel^2 \qquad (3-48)$$

其中,$\boldsymbol{m}_{ij}$ 为第 i 幅图像中第 j 个点所对应的像点,$\boldsymbol{R}_i$ 是第 i 幅图像的旋转矩阵,$\boldsymbol{t}_i$ 是第 i 幅图像的平移量,$\boldsymbol{M}_j$ 为第 j 个点的世界坐标;k_1 与 k_2 为径向畸变系数的前两项。利用 Levenberg-Marquardt 法可对式(3-48)进行最小值的求解。

2）基于张友正平面模板标定法的数码相机检校的算法实现

（1）数据准备

制作 12×8 的棋盘格网并打印出来,转换不同角度、距离,拍摄 8 张以上的照片,如

图 3-3 所示,然后以 JPEG 格式(*.jpg 文件)保存到与源码文件夹平级的 chess_ image12_8shiji 文件夹里。

IMG_20200331_135113.jpg IMG_20200331_135118.jpg IMG_20200331_135129.jpg IMG_20200331_135132.jpg IMG_20200331_135136.jpg

IMG_20200331_135140.jpg IMG_20200331_135147.jpg IMG_20200331_135151.jpg IMG_20200331_135154.jpg IMG_20200331_135159.jpg

图 3-3 棋盘不同角度和距离的影像

(2) 利用 OpenCV 实现基于张友正平面标定法的数码相机检校(调试可运行)

```cpp
# include "stdafx.h"
# include <io.h>
# include <string>
# include <vector>
# include <fstream>
# include <opencv2/opencv.hpp>
# include <iostream>
usingnamespacestd;
using namespace cv;
voidgetFilesName(string&File_Directory,string&FileType,vector<string> &FilesName)
{
  string buffer=File_Directory+"\\*"+FileType;
  _finddata_t c_file;//文件名
  long hFile;
  hFile=_findfirst(buffer.c_str(),&c_file);

  if (hFile==-1L)printf("No%s files in current directory! \n",FileType);
  else
  {
    string fullFilePath;
    do
    {
      fullFilePath.clear();
      fullFilePath=File_Directory+"\\"+c_file.name;
      FilesName.push_back(fullFilePath);

    }while (_findnext(hFile,&c_file)==0);//搜索文件
```

```
        _findclose(hFile);
    }
}
intmain(intargc,char * argv[]){
    //棋盘初始使用 12 * 8
    intn_boards=0;//Willbesetbyinputlist
    floatimage_sf=0.5f;
    intboard_w=0;
    intboard_h=0;
    board_w=12;
    board_h=8;
    n_boards=20;
    intboard_n=board_w * board_h;
    cv::Sizeboard_sz=cv::Size(board_w,board_h);
    vector< vector< cv::Point2f > > image_points;
    vector< vector< cv::Point3f > > object_points;
    double last_captured_timestamp=0;
    cv::Sizeimage_size;

      string File_Directory1=".\\chess_image12_8shiji";//存放棋盘图片文件
    string FileType=".jpg";// * .jpg 文件
    vector< string> FilesName;
    getFilesName(File_Directory1,FileType,FilesName);//路径

    for (int i=0;i< FilesName.size();i++)
    {
      Mat image;
      Mat image0= imread(FilesName[i],0);
        image_size= image0.size();
        cv::resize(image0,image,cv::Size(),image_sf,image_sf,cv::INTER_LINEAR);
        vector< cv::Point2f> corners;
        boolfound= cv::findChessboardCorners(image,board_sz,corners);
        doubletimestamp= (double)clock()/CLOCKS_PER_SEC;
        if(found&&timestamp-last_captured_timestamp> 1){
          cv::drawChessboardCorners(image,board_sz,corners,found);

            last_captured_timestamp=timestamp;
            image^= cv::Scalar::all(255);
            cv::Matmcorners(corners);//do not copy the data
            mcorners * = (1./image_sf);//scale the corner coordinates
            image_points.push_back(corners);
            //generate world point
            object_points.push_back(vector< Point3f> ());
            vector< cv::Point3f> &opts=object_points.back();
            opts.resize(board_n);//棋盘的三维点
            for(intj=0;j<board_n;j++){
              opts[j]=cv::Point3f((float)(j/board_w),(float)(j% board_w),0.f);
```

```
                }
                cout<<"Collectedour"<< (int)image_points.size()<<
                   "of"<<n_boards<<"neededchessboardimages\n"<<endl;
            }
            cv::imshow("Calibration",image);//show in color if we did collect the image
            if((cv::waitKey(30)&255)==27)
                return-1;
        }
        cv::destroyWindow("Calibration");
        cout<<"\n\n * * CALIBRATING THE CAMERA...\n"<<endl;
        cv::Matintrinsic_matrix,distortion_coeffs;
        doubleerr=cv::calibrateCamera(
            object_points,
            image_points,
            image_size,
            intrinsic_matrix,
            distortion_coeffs,
            cv::noArray(),
            cv::noArray()
        );
    cout<<" * * * DONE! \n\nReprojectionerroris"<<err<<
            "\nStoringIntrinsics.yaml\n\n";
        cv::FileStoragefs("intrinsics.yaml",FileStorage::WRITE);
        distortion_coeffs.at<double> (0,4)=0;//last one setup 0
        fs<<"image_width"<<image_size.width<<"image_height"<<image_size.height
            <<"camera_matrix"<< intrinsic_matrix<<"distortion_coefficients"<<
distortion_coeffs;
        fs.release();
        fs.open("intrinsics.yaml",cv::FileStorage::READ);
        cout<<"\nimagewidth:"<< (int)fs["image_width"];
        cout<<"\nimageheight:"<< (int)fs["image_height"];
        cv::Matintrinsic_matrix_loaded,distortion_coeffs_loaded;
        fs["camera_matrix"]> > intrinsic_matrix_loaded;
        fs["distortion_coefficients"]> > distortion_coeffs_loaded;
        cout<<"\nintrinsicmatrix:"<<intrinsic_matrix_loaded;
        cout<<"\ndistortioncoefficients:"<<distortion_coeffs_loaded<<endl;
        cv::Matmap1,map2;
        cv::initUndistortRectifyMap(
            intrinsic_matrix_loaded,
            distortion_coeffs_loaded,
            cv::Mat(),
            intrinsic_matrix_loaded,
            image_size,
            CV_16SC2,
            map1,
            map2
```

```
    );
    for(;;){
        cv::Matimage,image0;
        if(image0.empty())break;
        cv::remap(
            image0,
            image,
            map1,
            map2,
            cv::INTER_LINEAR,
            cv::BORDER_CONSTANT,
            cv::Scalar()
        );
        cv::imshow("Undistorted",image);
        waitKey(0);
    }
    return0;
}
```

（3）代码输出结果

```
* * * CALIBRATING THE CAMERA...
    * * * DONE!
Reprojection error is 1.90794
Storing Intrinsics.yaml

image width: 3840
image height: 2160
intrinsic matrix:[51005.99710031777,0,1890.632441474912;

0,50887.87409887434,974.6965435438228;
0,0,1]
distortion coefficients:[-9.10337616306022,-0.1581597456269311,0.01759517057904612,
0.002783306725543508,0]
```

3.4 室内外检校场的建立

一、室内控制场的基本要求

一般情况下，数码相机检校场根据同时检校相机的数量来分，可以分为单相机检校场和多相机检校场，本书的多相机检校场主要以全景多相机检校场为例来说明。

不管是单目相机检校还是多目相机检校,都需要精密的三维控制场作为物方基准。控制场是一个同一坐标系统下,布设有足够数量的控制点,且控制点分布合理、点位精度高、稳定不变形的控制点集合。用于近景摄影测量数码相机检校的控制场通常是室内的精密三维控制场。三维控制场中控制点的物方坐标一般须采用精密测量技术测定。可利用测角精度不低于 $2''$ 的全站仪采用多测回测角前方交会方法,测得控制点的平面坐标,再用三角高程测量方法求解各控制点的高程值。测量过程须利用物方已知精密基线进行长度尺度的归化改正,以获得经纬仪前方交会基线长度的准确值,最后得到各控制点的物方真实坐标。

1) 建立室内控制场的目的

建立室内控制场有以下三个目的:

(1) 进行近景摄影测量的相关研究实验,如检测控制点数量、质量和分布对精度的影响,检验新理论、新设备和新算法,优化设计摄影方式等。

(2) 测定物体形状和运动状态。把要测定的物体放在控制区域内,利用摄影测量方法测定物体的尺寸与形状。动态物体的运动状态能够通过高速摄影机予以测定。

(3) 相机检定。相机内方位参数与光学畸变差参数的检定是近景摄影测量的重要环节,它们关系到摄影瞬间光束形状的恢复。

2) 室内控制场的布设

室内控制场的布设必须满足下列要求:

(1) 控制点均匀分布于控制场的三维空间,且基本呈中心对称形态。

(2) 控制场立面形状恰当。使用超短焦距、短焦距至中等焦距的相机拍摄时,控制点成像能够充满像幅。

(3) 控制场前有充足的摄影空间。拍摄单张影像或立体像对时,控制点成像不会互相遮挡。

(4) 合理地安置两个(或两个以上)固定的观测墩,用来测定控制场内控制点的坐标并定期复查。

(5) 合理选择控制点标志的形状和尺寸,方便后续计算机像片处理。控制点标志的测定精度要求以不影响像点的坐标精度为原则。如果控制点标志的测定精度为 $m_{控}$,像片比例尺为 $1/m$,像点坐标量测精度为 $m_{像}$,则应有如下关系:

$$m_{控} = \frac{1}{3} m \times m_{像} = \frac{1}{3} \frac{Y}{f} m_{像} \qquad (3-49)$$

式中,Y 为摄影距离,f 为摄取像片的主距。因为近景摄影测量中,相机有各种各样的型号,相机的焦距从数毫米至数百毫米不等,它们的视场角也从几度到近百度,加上标志形状和控制场用途的不同,使得建立一个通用的室内控制场变得不太现实。所以,一般是根据实际需要来建立满足相应条件的控制场。

二、单片检校场的设计和建设

1)概述

根据近景摄影测量数码相机的特点,研究室内三维检校场中控制点靶标布设方案,包括控制点材质选择、机械结构设计、阻尼器设计以及灯光辅助照明、拍照角度、控制点整体分布设计。建立的检校场能够满足广角、短焦和长焦相机的检校和标定要求。依照国家精密工程测量规范,设计高精度三维控制网测量方案和测量实验流程,结合近景摄影测量需求,测量成果及精度符合测量方案设计需求。

2)依据与原则

(1)检校场测量和施工规范

① 工程测量标准(GB 50026—2007)

② 工程建设施工现场焊接目视检验规范(GB 50026—2020)

③ 高强混凝土结构技术规程(CECS 104—1999)

④ 混凝土结构工程施工工艺标准(ZJQ00-SG-002—2003)

(2)检校场施工和测绘验收规范

① 数字测绘成果质量检查与验收(GB/T 18316—2008)

② 钢筋焊接接头试验方法标准(JGJ/T 27—2014)

3) 作业流程(见图 3-4)

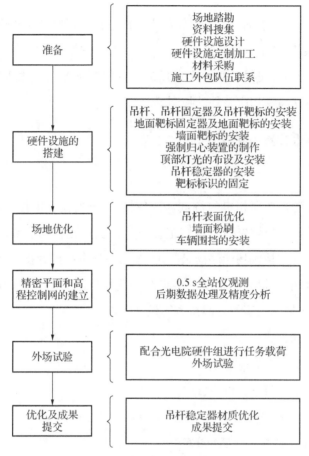

图 3-4 单片检校流程图

4) 检校场设计和布设方案

控制点靶标的布设应遵循相机检校所需的检校环境、辅助支撑结构、通视条件、垂直度等技术参数和指标的要求,采用吊杆布设+地面布设及墙面布设的方式,吊杆、地面与墙面的不同铺设位置采取不同的固定方法,并辅以光照改造来完成三维检校场的布设。下面依照相机技术参数和检校指标对布设方案进行详细叙述。

(1) 灯光设计

为建立良好的相机观测环境,应避免在观测过程中标志点出现阴影,即应建立漫反射环境,根据检校场现有状况需增加灯管的数量并进行重新布设。灯光的布设位置共12 处,每处安装 40 W 的 T5 灯管(尺寸为 25.4 mm×1 230 mm)两根。

（2）控制场吊杆靶标点设计

依据载荷焦距、幅宽等参数设计吊杆靶标点布设方案，如图3-5所示，其中悬挂吊杆以水平间隔约1.0 m布设（依据通视有少量点位调整，图3-5为调整后的吊杆靶标点布设），布设60根；杆上点位由金属杆底端1.0 m处开始布设靶标点，以60 cm为间距，即每根金属杆上布设4个，共计240个吊杆靶标点。

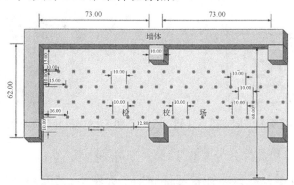

图3-5　吊杆靶标点布设方案（单位：cm）

靶标的设计原则如下：

① 管材受温度影响小；

② 吊挂机构要求稳定，且三自由度可调；

③ 确保立杆在自然环境下保持安定，底部加装阻尼稳定器；

④ 立杆及靶标必须设计成亚光材料。

吊杆由吊杆固定器、悬挂吊杆与吊杆稳定器三部分组成。吊杆固定器用于固定吊杆到车库顶部的墙体；吊杆稳定器装满金属重油，隔离震动等环境影响，减少吊杆阻尼运动带来的靶标点坐标变化。

吊杆固定器设计如图3-6所示，其总长度为150 mm，主要由钢板、钢板与万向节连接部件、万向节及万向节与吊杆连接部件四个部分组成。

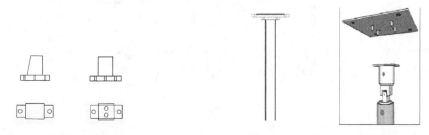

图3-6　吊杆固定器设计图　　　　图3-7　吊杆和吊杆固定器设计图

如图3-7所示，吊杆顶部由吊杆固定器固定于天花板，吊杆可根据观测位置进行正负 15°的微调,使得标志点达到最佳的反射效果;悬垂式金属杆采用铝方块制作;吊杆固定器起到连接吊杆和天花板的作用,并可依据相机的观测位置进行角度的调整。

钢板厚度为 10 mm,长宽为 100 mm×100 mm,四角留有固定于天花板的孔,在钢板中心位置(具体根据钢板与万向节连接部件尺寸而定)留有可微调的固定槽,此固定槽的作用是将吊杆调整至观测最佳方向并将它固定于钢板上(图 3-8)。

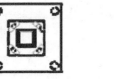

图 3-8　天花板微调固定器示意图　　　图 3-9　吊杆和吊杆稳定器设计图

钢板与万向节连接部件分为两部分,第一部分为边长 70 mm、厚 10 mm 的正方形钢板,四角留有 2 mm 螺丝孔以将连接部件固定于天花板;第二部分为内径 42 mm、外径 50 mm、长 30 mm 的圆筒,在圆筒壁的中心位置留有两个对称的孔,孔径为 2 mm,利用这两个孔可将万向节固定在此连接部件。连接部件的这两个部分采用焊接的方式连接。

在吊杆末端安装摆动阻尼器,由装有机油的金属桶组成,其直径为 25 cm,高度为 30 cm,机油深度为 25 cm,吊杆离地 5 cm,则机油漫过吊杆20 cm(容差±1 cm),金属桶固定于地面(图 3-9)。

(3) 靶标点布设方案

① 地面靶标点的布设方案

地面靶标点布设方案见图 3-10(菱形所示为地面靶标位置),布设间隔为 1.0 m,数量为 57 个。

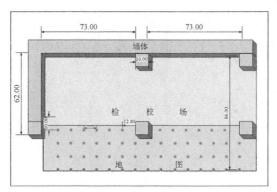

图 3-10　地面靶标点布设方案(单位:cm)

地面靶标固定器的设计源自将相机检校方向与靶标点所在面垂直,需将靶标点所在面倾斜,因此设计出靶标点固定器以固定靶标点。但靶标点固定器的倾斜角度与靶标点位置和相机检校高度有关,即每个靶标点固定器的倾斜角度都不相同,若将每个靶标点固定器的倾斜角度求出并付诸实践,无疑大大增加了实际施工中的困难和工作量。因此,地面靶标点固定器的倾斜角度以检校高度 1.60 m、距离 9.00 m 来设定,图 3-11 所示为按此参数求得的地面靶标点固定器示意图。

图 3-11　地面靶标固定器

固定器由可固定于地面的铝方块构成,面向相机检校方向的面倾斜,倾斜角 10°,倾斜面四角留有四个 3 mm 的螺丝孔,以将靶标固定于地面。铝方块底座为边长 5 cm 的正方形,高 5 cm。利用螺丝(靶标点及固定器都留有螺丝孔)将靶标点固定于铝方块。

② 墙面靶标点的布设方案

在室内检校场的正视墙面和侧墙面布设共 107 个靶标点。如图 3-12 所示为正视墙面靶标点布设方案,其中检校场正视墙面上有 70 个靶标点,柱子上 12 个靶标点。如图 3-13 所示为侧墙面靶标点布设方案,共有 25 个靶标点。正视墙面靶标点以 1 m 间隔布设,侧墙面分别以 170 cm、100 cm、125 cm、75 cm 间隔布设。

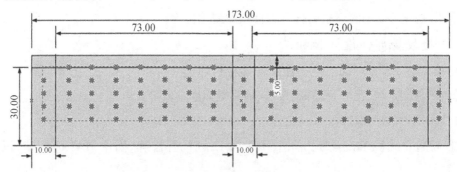

图 3-12　正视墙面靶标点布设方案(单位:cm)

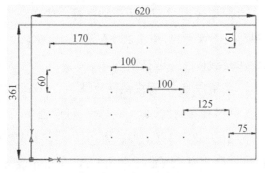

图 3-13　侧墙面靶标点布设方案(单位:cm)

靶标点固定于墙面靶标点固定器(图3-14)。墙面靶标点固定器与地面靶标点固定器的设计原理相同,但墙面靶标点固定器倾斜面的倾斜角度(偏于水平方向)为30°。

图3-14　墙面靶标点固定器设计图　　　　　图3-15　测量墩设计图

(4) 测量墩设计

测量墩是组成检校场的重要部件,是载荷检校时设备相对于靶标的检校基准(图3-15)。测量墩的设计原则如下:

① 测量墩位置有利于观测检校场的整个靶标区;

② 测量墩长期变形小,1年的形变不超过1 mm;

③ 归心盘与高精度测量全站仪配套,便于高精度确定两测量墩基线的长度;

④ 归心盘安装平整;

⑤ 墩基线长度的测量精度优于靶标点的测量精度。

5) 检校场部件设计和加工

检校场部件设计和加工主要涉及部件材料的选择、设计、加工工艺等。部件主要包括靶标、吊杆固定器、吊杆、吊杆稳定器、地面靶标固定器等。

(1) 主要的加工设备

① 普通立式铣床。型号为3M,用于加工吊杆、标志牌、固定铝块、万向节,以及铣削、钻孔等。

② 普通卧式车床。型号为C6132A,用于加工万向节。

③ 数控铣床加工中心。型号为T-V5,用于加工标志牌。

④ 台式攻丝机。型号为SWT-14,用于加工吊杆、固定铝块。

(2) 部件的设计、使用材料以及工艺技术

① 吊杆。采用304不锈钢方管,方管横截面尺寸为50 mm×50 mm×1.0 mm,长度为3.3 m,数量为60件。材料具有耐腐蚀性、耐热性、低温强度、无磁性,抗拉强度(MPa)为520,屈服强度(MPa)为205~210 MPa,伸长率为40%,硬度为HRB90。

② 标志牌。采用铝板,尺寸为50 mm×50 mm×5.0 mm,数量为410件。采用普通铣床加工外形、打孔数控,表面做阳极处理,丝印加工成白色。

③ 万向节。采用 Y15 材料,数量为 60 件。采用车床和铣床加工,装配表面做发黑处理。

④ 标志牌固定块。采用铝块,尺寸为 50 mm×50 mm×50 mm,数量为 85 件。采用普通铣床加工,外形打孔、攻牙,表面做阳极处理。

(3) 靶标、万向节连接部件、吊杆的加工成品如图 3-16 所示。

图 3-16 加工成品(从左到右依次是靶标、万向节连接部件、吊杆)

6) 检校场建设施工

检校场的建设施工流程为:场地放线→场地土木建设→设备安装施工→光照环境施工→测量维护(图 3-17)。

(a) 激光放线 　　　　　　(b) 吊杆固定器安装

图 3-17 检校场放样施工

在场地土木建设中有一个重要的内容是测量墩的建造。测量墩采用钢筋混凝土材质,以浇灌方式制作水泥墩。测量墩底部尺寸为 30 cm×30 cm,顶部尺寸为 20 cm×20 cm,为梯形结构。在检校场的前方约 15 m 处,左右各建造一个测量墩。为了美观,测量墩周围贴瓷砖。测量墩和靶标的安装如图 3-18 所示。

图 3-18 测量墩及侧墙面靶标安装

阻尼重机油和场地照明安装现场如图 3-19 所示。

图 3-19　机油及补光设备安装

检校场整体建设完成后如图 3-20 所示。

图 3-20　检校场全景

7) 三维检校场的高精度测量

（1）坐标系规定

测量标志点必须要在一定的坐标系里完成。为了确保本室内检校场标志点的精度，对所有需要测量的位置都安置标志点。为了测量和数据管理的方便，设定左侧测量墩上的钢钉中心为本次测量的坐标原点 O。左侧测量墩和右侧测量墩的连线为 X 轴，指向右侧的方向为正方向。垂直于 X 轴指向上面的为 Y 轴，向上为正方向。按照右手坐标系方式，垂直于 XOY 平面，远离标志点的方向为 Z 轴的正方向（图 3-21）。

（2）测量方法

测量采用交会法。第一步，先把仪器架在基站 A 上，基站 A 的坐标假设为（20 050，300 050，4 050）。第二步，在基站 B 上架设棱角，用全站仪对基站 B 进行多次观察，测量出基站 A 和 B 之间的水平距离和垂直距离，得出基站 B 的坐标（20 058.349 7，300 050，4 050.004）。第三步，以基站 B 为后视定向点，用全站仪在基站 A 上对标志点用盘左盘右两个测回进行观测。第四步，在基站 B 上架设仪器，以基站 A 为后视定向点，也用盘左盘右对所有靶标点 P 进行观测（图 3-22）。

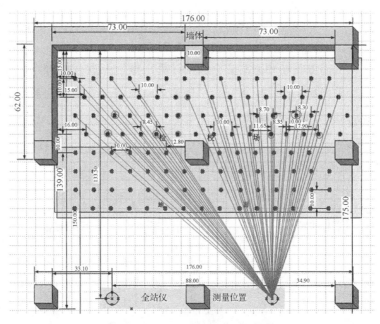

图 3－21 检校场控制点坐标测量

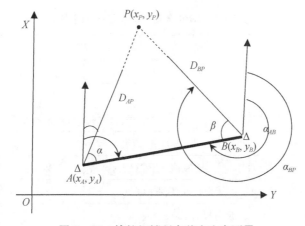

图 3－22 检校场控制点前方交会测量

满足角度前方交会方程：

$$x_P = \frac{x_A \cot\beta + x_B \cot\alpha + (y_B - y_A)}{\cot\beta + \cot\alpha}$$

$$y_P = \frac{y_A \cot\beta + y_B \cot\alpha + (x_A - x_B)}{\cot\beta + \cot\alpha}$$

（3－50）

满足距离交会方程：

$$\begin{cases} x_P = x_A + \Delta x_{AP} = x_A + D_{AP} \cos\alpha_{AP} \\ y_P = y_A + \Delta y_{AP} = x_A + D_{AP} \sin\alpha_{AP} \end{cases}$$

（3－51）

$$\begin{cases} x_P = x_B + \Delta x_{BP} = x_B + D_{BP}\cos\alpha_{BP} \\ y_P = y_B + \Delta y_{BP} = x_B + D_{BP}\sin\alpha_{BP} \end{cases} \quad (3-52)$$

最后,根据角度前方交会和距离交会加权计算出两测站通视标志点坐标。而对于两测站不通视的点,采用通视测站距离交会法计算的两测回平均值作为最终坐标值。高程由两个基站的高程取算术平均得出。

(3)测量实施

全站仪标称精度和对应测点误差见表3-1。

表 3-1 控制点点位测量精度要求

仪器标称精度	点位误差/m
0.5″	0.1
1″	0.3
2″	0.5

本次检校场采用的全站仪是高精度测角仪器徕卡 TS30,其基本技术指标见表3-2。

表 3-2 TS30 全站仪的主要技术指标

角度测量		
精度	H 和 V	0.5″(0.15 mgon)
	最小显示	0.1″(0.01 mgon)
原理	绝对编码,连续,四重角度探测	
距离测量(棱镜)		
测程	圆棱镜(GPR1)	3 600 m
	360°(GPZ4)	1 500 m
	反射贴片(60 mm×60 mm)	250 m
精度/测量时间(棱镜)	精密	0.6 mm+1 ppm/一般为 7 s
	标准	1 mm+1 ppm/一般为 2.4 s
精度/测量时间(反射片)		1 mm+1 ppm/一般为 7 s
距离测量(无棱镜)		
测程		1 000 m
精度/测量时间		2 mm+2 ppm/一般为 3 s
激光光斑大小	30 m 处/50 m 处	7 mm×10 mm/8 mm×20 mm

仪器满足鉴定要求，鉴定证书见图 3 - 23。

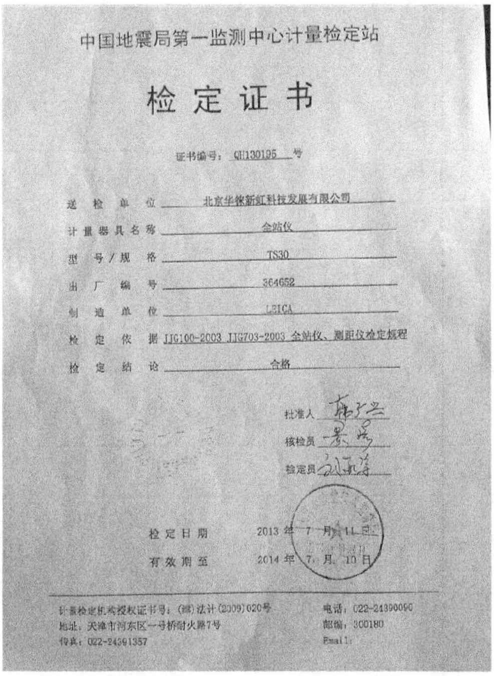

中国地震局第一监测中心计量检定站

检 定 证 书

证书编号：QH130195 号

送检单位 北京华徕新虹科技发展有限公司

计量器具名称 全站仪

型号/规格 TS30

出厂编号 364652

制造单位 LEICA

检定依据 JJG100-2003 JJG703-2003 全站仪、测距仪检定规程

检定结论 合格

批准人

核检员

检定员

检定日期 2013 年 7 月 11 日

有效期至 2014 年 7 月 10 日

计量检定机构授权证书号：(津)法计(2009)020号　电话：022-24390090

地址：天津市河东区一号桥耐火路7号　邮编：300180

传真：022-24391357　Email:

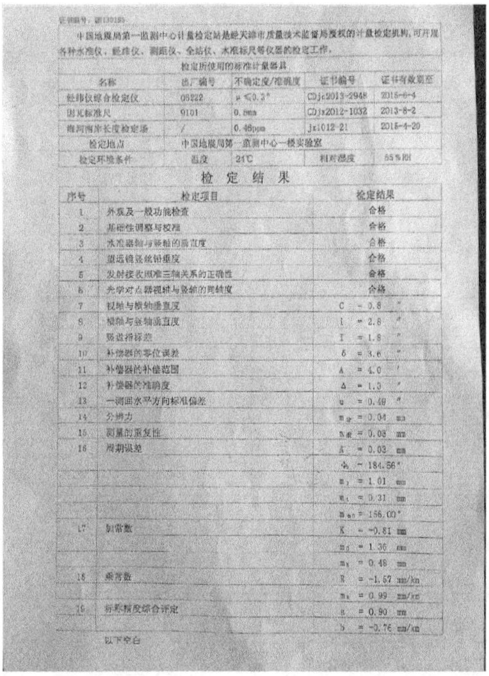

证书编号：QH130195

中国地震局第一监测中心计量检定站是经天津市质量技术监督局授权的计量检定机构，可开展各种水准仪、经纬仪、测距仪、全站仪、水准标尺等仪器的检定工作。

检定所使用的标准计量器具				
名称	出厂编号	不确定度/准确度	证书编号	证书有效期至
经纬仪综合检定仪	06222	μ≤0.3"	CDjc2013-2948	2015-6-4
因瓦标准尺	9101	0.8mm	CDjx2012-1032	2013-8-2
海河南岸长度检定场	/	0.46ppm	jx1012-21	2015-4-20
检定地点	中国地震局第一监测中心一楼实验室			
检定环境条件	温度	21℃	相对湿度	55%RH

检 定 结 果

序号	检定项目	检定结果
1	外观及一般功能检查	合格
2	基础性调整与校准	合格
3	水准器轴与竖轴的垂直度	合格
4	望远镜竖丝铅垂度	合格
5	发射接收照准三轴关系的正确性	合格
6	光学对点器视轴与竖轴的同轴度	合格
7	视轴与横轴垂直度	C = 0.8 "
8	横轴与竖轴垂直度	i = 2.8 "
9	竖盘指标差	I = 1.8 "
10	补偿器的零位误差	δ = 3.6 "
11	补偿器的补偿范围	A = 4.0 '
12	补偿器的准确度	Δ = 1.3 "
13	一测回水平方向标准偏差	u = 0.49 "
14	分辨力	$m_{分}$ = 0.04 mm
15	测量的重复性	$m_{重}$ = 0.08 mm
16	周期误差	A = 0.03 mm
		φ = 184.56°
		m_A = 1.01 mm
		$m_φ$ = 0.31 mm
		$m_{φ0}$ = 156.00°
17	加常数	K = -0.81 mm
		m_K = 1.36 mm
		m_R = 0.48 mm
18	乘常数	R = -1.57 mm/km
		m_R = 0.99 mm/km
19	标称精度综合评定	a = 0.90 mm
		b = -0.76 mm/km

以下空白

图 3 - 23　徕卡 TS30 鉴定证书

靶标点三维坐标采用前方交会计算得到，共有 388 个靶标点，每个点的测量残差如表 3 - 3 所示。

表 3 - 3　靶标点测量残差及中误差(单位:mm)

点号	D_X	D_Y	D_Z
4	0.118 79	0.660 50	0.533 05
5	0.114 51	0.660 10	0.532 35
6	0.121 60	0.667 50	0.526 20
7	0.119 56	0.672 60	0.528 90
8	0.127 60	0.674 90	0.530 45
9	0.127 17	0.677 10	0.529 05
10	0.131 28	0.677 90	0.533 90
11	0.128 78	0.683 00	0.536 55
12	0.135 18	0.684 00	0.540 10

点号	D_X	D_Y	D_Z
17	0.166 16	0.684 30	0.520 70
18	0.133 50	0.689 70	0.525 80
19	0.136 11	0.687 00	0.531 10
20	0.116 14	0.683 40	0.528 55
21	0.119 73	0.682 10	0.528 15
22	0.113 98	0.682 90	0.523 75
23	0.118 65	0.678 50	0.531 80
24	0.111 98	0.678 20	0.537 00
25	0.139 14	0.694 80	0.536 15
26	0.109 83	0.691 60	0.537 30
27	0.108 47	0.690 70	0.536 70
28	0.111 65	0.628 50	0.539 15
31	0.147 06	0.658 40	0.519 30
32	0.135 86	0.655 30	0.515 65
33	0.138 25	0.655 60	0.524 60
34	0.143 74	0.655 20	0.534 55
35	0.140 99	0.657 20	0.535 10
36	0.142 26	0.658 60	0.532 40
...	...	...	...
350	0.144 45	0.660 10	0.538 85
351	0.141 52	0.660 00	0.546 10
352	0.140 07	0.653 80	0.540 30
353	0.138 70	0.655 70	0.536 30
354	0.136 20	0.656 80	0.536 65
355	0.148 44	0.655 40	0.537 75
356	0.137 63	0.653 40	0.536 45
357	0.141 80	0.657 40	0.510 70
358	0.147 37	0.645 90	0.515 20

点号	D_X	D_Y	D_Z
359	0.149 81	0.640 10	0.529 25
360	0.146 09	0.631 00	0.538 50
361	0.144 75	0.624 60	0.535 75
362	0.143 99	0.617 00	0.533 85
363	0.142 04	0.607 40	0.533 05
374	0.145 43	0.658 80	0.539 85
375	0.138 06	0.657 10	0.540 60
376	0.128 37	0.658 30	0.540 30
377	0.134 30	0.648 50	0.538 20
378	0.137 26	0.653 20	0.543 80
379	0.136 28	0.651 50	0.543 10
380	0.128 77	0.649 00	0.541 10
381	0.413 21	0.497 10	0.082 70
382	0.410 55	0.502 80	0.491 25
383	0.410 65	0.499 00	0.890 80
384	0.410 52	0.501 50	0.286 65
385	0.956 79	0.129 10	0.112 00
386	0.972 71	0.129 00	0.509 70
387	0.977 43	0.128 10	0.900 60
388	0.972 88	0.127 00	0.235 75
389	0.750 03	0.658 50	0.277 50
390	0.749 07	0.658 40	0.626 40
391	0.750 43	0.660 00	0.976 15
392	0.750 81	0.661 50	0.325 60
393	0.801 93	0.666 70	0.280 65
中误差	0.260 95	0.236 48	0.337 91

从检校场的测量精度来看,平面高程中误差小于 0.5 mm,满足高精度室内检校场的精度要求。

三、 全景室内检校场的设计和测量

室内三维控制场是室内建立的三维控制系统,系统内按一定规律布设有一群已知空间坐标的控制标志。通常,控制场布设为多面室内三维控制场,即控制点布设在多面墙面上,如图 3-24 所示。一般全站仪都具有一定的可观测角,而在 1 个测站之内无法观测到布设在全站仪正上方的部分控制点。因此,需要观测至少 2 个测站才能将所有控制点观测到。对多个测站观测到的控制点需要进行坐标相似变换,将观测结果换算到统一的坐标系下。所以,在后一个测站需要观测一定数量的同名点,用于坐标解算。

图 3-24 全景检校场的设计

建立相机检校场必须满足以下 3 个条件:标志点网形布局合理,标志点相对位置保持长期稳定,标志点布设便于高精度观测。为满足以上条件,3D 测量实验室建立如图 3-24 和图 3-25 所示的三维检校场。三维检校场由 2 400 个标志点构成,标志点的分布呈 6 个近似平面,标志点按 10×10×4 排列,所占空间为 170 m³,其数量和分布能满足在全景影像上满幅而均匀的要求。前方交会控制点测量方案见图 3-26。

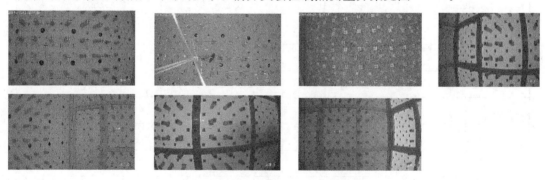

图 3-25 全景检校场施工建设

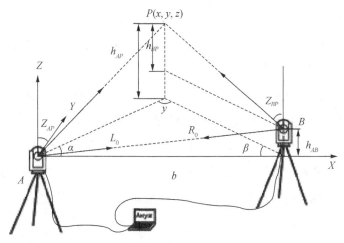

图 3-26 前方交会控制点测量方案

1）测量原理

采用徕卡 TS30 工业测量系统对测量目标进行角度测量,并将测量数据实时传输到计算机,由系统软件依据空间前方交会原理进行数据处理,实时获得目标点的三维坐标。

2）测站最佳位置的选定

徕卡 TS30 工业测量系统的基本原理是以三维空间前方交会理论为基础的。影响空间前方交会点位精度的因素主要有两种:一种是起始数据 b、h_{AB} 以及两测站仪器相对定向的精度;另一种是交会时的角度观测误差。根据偶然误差传播定律,顾及基线误差,交会点坐标误差为

$$
\begin{cases}
m_{x_P}^2 = \left(\dfrac{x_P}{x_B}\right)^2 m_{x_B}^2 + [\cot\alpha - \cot(\alpha+\beta)]^2 \cdot \left(x_P \dfrac{m_\alpha}{\rho}\right)^2 + [\cot\beta - \cot(\alpha+\beta)]^2 \cdot \left(x_P \dfrac{m_\beta}{\rho}\right)^2 \\[3mm]
m_{y_P}^2 = \left(\dfrac{y_P}{x_B}\right)^2 m_{x_B}^2 + [\cot\alpha + \cot(\alpha+\beta)]^2 \cdot \left(y_P \dfrac{m_\alpha}{\rho}\right)^2 + [\cot\beta - \cot(\alpha+\beta)]^2 \cdot \left(y_P \dfrac{m_\beta}{\rho}\right)^2 \\[3mm]
m_{z_P}^2 = \left(\dfrac{z_P}{x_B}\right)^2 m_{x_B}^2 + \cot^2(\alpha+\beta) \cdot \left(z_P \dfrac{m_\beta}{\rho}\right)^2 + [\cot\beta - \cot(\alpha+\beta)]^2 \cdot (z_P m_\beta \rho)^2 + \\[3mm]
\qquad\quad \left(\dfrac{z_P}{\cos z_{AP} \sin z_{AP}}\right)^2 \cdot \left(\dfrac{m_{z_{AP}}}{\rho}\right)^2
\end{cases}
$$

$$(3-53)$$

其中,(x_P, y_P, z_P) 表示被测量点 P 的三维坐标;z_{AP} 表示从 A 测站观察 P 点的垂直角;x_B 表示从 A 测站测量出的 B 点的 X 坐标;α,β 分别表示从 A、B 两个测站观察 P 点的水平

角；m_β 表示 A 测站的水平角测量中误差；m_β 表示 B 测站的水平角测量中误差；m_{x_B} 表示 B 测站的 X 坐标测量中误差；$m_{z_{AP}}$ 表示从 A 测站测量 P 点坐标时的高度方向测量中误差；ρ 表示全站仪的测距系统常数。

由式(3-53)可知，空间前方交会点的精度与交会点的位置及交会图形(α,β,z)密切相关。因此测站布设位置对各个目标点的坐标精度有重要影响，交会角过大或过小会降低测量精度。一般认为交会角 γ 应在 $60°\sim120°$，当交会角为 $90°$ 时平面坐标精度最高，天顶距 z 值为 $90°$ 时 z_P 精度最高。由于三维检校场内标志点基本呈规则排列，若将系统测量精度最优点与三维检校场的几何中心重合，且尽可能使最弱点的交会角接近 $90°$，即可提高整体测量精度。

影响工业测量系统精度的因素除了定向方法的选取、交会图形和标准尺摆放位置以外，还有全站仪和脚架的稳定性、照准标志的选取和观测人员的操作技能。

实验中应注意以下问题：

（1）稳定性问题

首先要保证在观测过程中标志点的稳定，避免室内有明显的空气流动；其次要保证测量系统的稳定，全站仪与脚架的衔接要牢固，固定三脚架各紧固螺栓，且脚架与地面接触位置不能有砂粒物等。

（2）定向问题

徕卡 TS30 工业测量系统采用互瞄式相对定向，为了消除内觇标的安装误差，提高定向观测的精度，内觇标的观测需要进行双面测量。标准尺用来提供系统的尺度参数，其自身精度要高，需要定期检测。绝对定向时可用照明装置来照亮标准尺两端标志，以利于精确照准，也可以将基准尺放于三脚架上，提高其稳定性且便于摆放。

（3）照准标志问题

照准精度与标志的照明条件有很大关系。在实际观测中要保证标志被清楚地照亮，可采用多种形式，如手电筒、白炽灯、舞台灯等。

（4）观测者的因素

测量系统的高精度对观测者的操作技能提出了较高的要求，例如，测量时应注意调焦误差和十字丝视差的消除等。两测量员的测量进度要协调一致，且对目标点的理解也应该完全一致。

3）检校场控制点三维坐标测量的源代码实现（VC 代码）

```
void CMainFrame::Onfrontintersectiong()
{
  //TODO:Add your command handler code here
  int i;
  int j;
  char dummy[256];
  char dummy2[256];
  FILE * fp1;
  FILE * fp2;
  double A1,A2,A3,A4,A5,A6,A7,A8;
  double B1,B2,B3,B4,B5,B6,B7,B8;
  CArray<double,double> PTname1,PTname2,PTname3,PTname4,PTname5,PTname6;
  CArray<double,double> alf1,beta1,dis1,tri1,X1,Y1,Z1;
  CArray<double,double> alf2,beta2,dis2,tri2,X2,Y2,Z2;
  CArray<double,double> alf3,beta3,dis3,tri3,X3,Y3,Z3;//a 站上的共同点
  CArray<double,double> alf4,beta4,dis4,tri4,X4,Y4,Z4;//b 站上的共同点
  CArray<double,double> X5,Y5,Z5;//a 站上的非共同点
  CArray<double,double> X6,Y6,Z6;//b 站上的非共同点
  CArray<double,double> PTPname,XP,YP,ZP;
  floatXA,YA,ZA,XB,YB,ZB;
  XA=20050;YA=300050;ZA=4050;//左基准站坐标
  XB=20058.3497;YB=300050;ZB=4050.004;//右基准站坐标
  static char BASED_CODE szFilter1[]="Input Model List File(*.txt)|*.txt|All
Files(*.*)|*.*||";
  ////////////////////////////////////////////////////////////////////
  CFileDialog dlg1(TRUE,"kkk",NULL,OFN_HIDEREADONLY|OFN_OVERWRITEPROMPT,szFilter1,
NULL);
  if (dlg1.DoModal()!=IDOK) return;
  if ((fp1=fopen(dlg1.GetPathName(),"r"))==NULL) {return;}
  while(! feof(fp1))
  {
    fgets(dummy,256,fp1);
    sscanf(dummy,"%lf %lf %lf %lf %lf %lf %lf %lf",&A1,&A2,&A3,&A4,&A5,
&A6,&A7,&A8);
    PTname1.Add(A1);
    if(A2>=270){A2=A2-270;alf1.Add(A2);}
    else{A2=A2+90;alf1.Add(A2);}
    beta1.Add(A3);
    dis1.Add(A4);
    tri1.Add(A5);
    X1.Add(A6);
    Y1.Add(A7);
    Z1.Add(A8);
  }
  static char BASED_CODE szFilter2[]="Input Model List File (*.txt)|*.txt|All
```

```
Files (*.*)|*.*||";
//////////////////////////////////////////////////////////////////////
CFileDialog dlg2 (TRUE,"kkk",NULL,OFN_HIDEREADONLY|OFN_OVERWRITEPROMPT,szFilter2,
NULL);
   if (dlg2.DoModal()!=IDOK) return;
   if ((fp2=fopen(dlg2.GetPathName(),"r"))==NULL) {return;}
   while(!feof(fp2))
   {
      fgets(dummy2,256,fp2);
      sscanf(dummy2,"%lf  %lf  %lf  %lf  %lf  %lf  %lf  %lf",&B1,&B2,&B3,&B4,
&B5,&B6,&B7,&B8);
      PTname2.Add(B1);
      if(B2>=270){B2=90+360-B2;alf2.Add(B2);}
      else {B2=90-B2;alf2.Add(B2);}
      beta2.Add(B3);
      dis2.Add(B4);
      tri2.Add(B5);
      X2.Add(B6);
      Y2.Add(B7);
      Z2.Add(B8);
   }
   for(i=0;i<PTname1.GetSize();i++)
      for(j=0;j<PTname2.GetSize();j++)
      {
         if(PTname1[i]==PTname2[j])
         {
            PTname3.Add(PTname1[i]);
            alf3.Add(alf1[i]);
            beta3.Add(beta1[i]);
            dis3.Add(dis1[i]);
            tri3.Add(tri1[i]);
            X3.Add(X1[i]);
            Y3.Add(Y1[i]);
            Z3.Add(Z1[i]);

            PTname4.Add(PTname2[j]);
            alf4.Add(alf2[j]);
            beta4.Add(beta2[j]);
            dis4.Add(dis2[j]);
            tri4.Add(tri2[j]);
            X4.Add(X2[j]);
            Y4.Add(Y2[j]);
            Z4.Add(Z2[j]);
         }
      }
//平面坐标前方交会法
double Xtemp,Ytemp,Ztemp;
double D=pi/180;
```

```
       for(i=0;i< PTname3.GetSize();i++)
       {
           PTPname.Add(PTname3[i]);
           Xtemp= (X4[i] * tan(alf4[i] * D)+X3[i] * tan(alf3[i] * D)+(Y3[i]-Y4[i]) *
tan(alf4[i] * D) * tan(alf3[i] * D))/(tan(alf4[i] * D)+tan(alf3[i] * D));
           Ytemp= (Y4[i] * tan(alf4[i] * D)+Y3[i] * tan(alf3[i] * D)+(X3[i]-X4[i]) *
tan(alf4[i] * D) * tan(alf3[i] * D))/(tan(alf4[i] * D)+tan(alf3[i] * D));
           Ztemp= (Z3[i]+Z4[i])/2;
           XP.Add(Xtemp);
           YP.Add(Ytemp);
           ZP.Add(Ztemp);
       }
       FILE * F1;
       F1= fopen("c:\dd1.txt","w");
       for(i=0;i< PTname1.GetSize();i++)
       {
   fprintf(F1,"%10.0f  %f  %f  %f  %f  %f  %f  %f\n",PTname1[i],alf1[i],beta1
[i],dis1[i],tri1[i],X1[i],Y1[i],Z1[i]);
       }
       FILE * F2;
       F2= fopen("c:\dd2.txt","w");
       for(i=0;i< PTname2.GetSize();i++)
       {
   fprintf(F2,"%10.0f  %f  %f  %f  %f  %f  %f  %f\n",PTname2[i],alf2[i],beta2
[i],dis2[i],tri2[i],X2[i],Y2[i],Z2[i]);
       }
       FILE * F3;
       F3= fopen("c:\dd3.txt","w");
       for(i=0;i< PTname3.GetSize();i++)
       {
   fprintf(F3,"%10.0f  %f  %f  %f  %f  %f  %f  %f\n",PTname3[i],alf3[i],beta3
[i],dis3[i],tri3[i],X3[i],Y3[i],Z3[i]);
       }
       FILE * F4;
       F4= fopen("c:\dd4.txt","w");
       for(i=0;i< PTname4.GetSize();i++)
       {
   fprintf(F4,"%10.0f  %f  %f  %f  %f  %f  %f  %f\n",PTname4[i],alf4[i],beta4
[i],dis4[i],tri4[i],X4[i],Y4[i],Z4[i]);
       }
       FILE * FP;
       FP= fopen("c:\Pxyz1.txt","w");
       for(i=0;i< PTname3.GetSize();i++)
       {
           fprintf(FP,"%10.0f  %f  %f  %f  \n",PTname4[i],XP[i],YP[i],ZP[i]);
       }
//平面坐标测边交会法
       CArray< double,double> XP5,YP5,ZP5;
```

```
double temx,temy,temz;
double e,f;
double alf= 90;
for(i=0;i< PTname3.GetSize();i++)
{   PTname5.Add(PTname3[i]);
    e= (dis4[i] * dis4[i]+(XB-XA) * (XB-XA)-dis3[i] * dis3[i])/(2 * (XB-XA));
    f= sqrt(dis4[i] * dis4[i]-e * e);
    temx=YA+e * cos(alf * D)+f * sin(alf * D);
    temy=XA+e * sin(alf * D)-f * cos(alf * D);
    temz= (Z3[i]+Z4[i])/2;
    XP5.Add(temx);
    YP5.Add(temy);
    ZP5.Add(temz);
}
FILE * FP5;
FP5= fopen("c:\Pxyz2.txt","w");
for(i=0;i< PTname3.GetSize();i++)
{
    fprintf(FP5,"%10.0f  %f  %f  %f  \n",PTname5[i],YP5[i],XP5[i],ZP5[i]);
}
}
```

第四章

近景摄影测量技术的工程应用

4.1　近景摄影测量在井下管网普查中的应用

1. 地下管网限制及存在的困难

城市地下管线普查成果是城市地下市政管网信息建设的重要内容,是城市地下空间开发规划、城市建设、城市管理、城市应急和地下管线运行维护管理的基础,也是"数字城市"的有机组成部分。为掌握现势、准确和完整的地下管线信息,目前国内各城市通行的运作模式是通过地下管线普查手段,采集现状地下管线的空间数据及其公共属性数据,建立城市地下管线信息管理系统,包括上水、下水、雨水、电力、电信、煤气、工业等多种管线类型。

由于地下管网长期处于封闭状态,里面的甲烷、一氧化碳、硫化氢超标,人工下井普查具有很大的危害,比如:

(1)据南充高坪区应急管理局通报,2021年5月15日下午,四川南充高坪区高都路管网疏通项目现场,3名工人检查地下管网时发生气体中毒,其中2人抢救无效死亡,1人脱离生命危险,生命体征正常。

(2)2019年5月26日18时10分,邯郸冀南新区广东碧桂园物业服务有限公司邯郸分公司在疏通地下污水管网时发生一起中毒窒息事故,造成2人死亡。

(3)2014年8月16日,襄阳4名工人因沼气中毒被困污水管道,其中2人不幸身亡。

鉴于地下人工普查非常危险,本项目研发了一套由20个摄像头组成的多目相机,利用简易小车升降对井下进行照片拍摄,然后组成10组近景摄影立体像对,在室内实现对井下管网的尺寸、位置和损坏情况进行监测和测量。

2. 解决方案的原理和技术

1）相机检校

相机检校主要解算径向畸变和切向畸变参数 $k_1,k_2,p_1,p_2,\alpha,\beta$，然后利用检校出来的畸变差参数对影像进行畸变差改正，使得原始畸变影像变成无畸变影像；同时，解算出 20 个摄像头的内方位元素 (x_0,y_0,f)，共 20 组，如下所示：

$$\begin{cases} \Delta y=(y-y_0)(k_1r^2+k_2r^4+\cdots)+p_2[r^2+2(y-y_0)^2]+ \\ \qquad 2p_1(x-x_0)(y-y_0)+\alpha(y-y_0)+\beta(x-x_0) \\ \Delta x=(x-x_0)(k_1r^2+k_2r^4+\cdots)+p_1[r^2+2(x-x_0)^2]+ \\ \qquad 2p_2(x-x_0)(y-y_0)+\alpha(x-x_0)+\beta(y-y_0) \end{cases} \quad (4-1)$$

式中，x_0,y_0 为像主点坐标；$r=\sqrt{(x-x_0)^2+(y-y_0)^2}$；$k_1,k_2,p_1,p_2,\alpha,\beta$ 为镜头的径向畸变和切向畸变参数。

2）空间后方交会计算 20 个摄像头的外方位元素

由检校场的控制点通过空间后方交会计算出 20 个摄像头的外方位元素 $(X_S,Y_S,Z_S,\varphi,\omega,\kappa)$。由于这 20 个摄像头组成 10 组立体像对，采用的是全景检校场一次成像，所以这些立体像对的坐标系统一于检校场坐标系，无需做坐标系的变换和归一化。

3）空间前方交会计算测量井下相关测量部件的位置和尺寸

公式如下：

$$\begin{cases} (x+v_x)+\Delta x=-f\dfrac{a_1(X-X_S)+b_1(Y-Y_S)+c_1(Z-Z_S)}{a_3(X-X_S)+b_3(Y-Y_S)+c_3(Z-Z_S)} \\ (y+v_y)+\Delta y=-f\dfrac{a_2(X-X_S)+b_2(Y-Y_S)+c_2(Z-Z_S)}{a_3(X-X_S)+b_3(Y-Y_S)+c_3(Z-Z_S)} \end{cases} \quad (4-2)$$

4）主要功能程序实现

根据第一章的介绍可知，多目全方位摄影测量相机总共有 20 个摄像头组成 10 组立体像对，每组立体像对都有一定的重叠度。根据外业井下拍摄的照片，在内业直接在立体像对上量测井下管道的直径、埋深、损坏情况、裂缝等。这些量测采用了立体像对的前方交会，20 个摄像头的外方位元素和畸变差参数通过全景检校场已被标定过，即左、右像片的内外方位元素、畸变差参数都是已知的，现在只要量测出同名点在左、右像片上的像素坐标，就可算出该点的三维坐标。

下面使用 VC 代码通过迭代收敛法计算井下任一点的三维坐标函数 Forward IntersectionWithTwoImages. cpp，可作为外部调用函数使用。参数说明如下：

（1）左片参数：(x1,y1,Xs0,Ys0,Zs0,＊＊leftRotatMatrix,x0L,y0L,FocusLength1,k1L,k2L,p1L,p2L,alfL,betL)；

（2）右片参数：(x2,y2,Xs1,Ys1,Zs1,＊＊rightRotatMatrix,x0R,y0R,FocusLength1,k1R,k2R,p1R,p2R,alfR,betR)；

（3）返回计算值（待求的三维坐标）：＊XYZ。

ForwardIntersectionWithTwoImages.cpp 函数的代码如下：

```
Void Forward Intersection With TwoImages(double x1,double y1,double Xs0,double Ys0,
double Zs0,double * * leftRotatMatrix,double x0L,double y0L,double FocusLength0,
double k1L,double k2L,double p1L,double p2L,double alfL,double betL,double x2,
double y2,double Xs1,double Ys1,double Zs1,double * rightRotatMatrix,double x0R,
double y0R,double FocusLength1,double k1R,double k2R,double p1R,double p2R,double
alfR,double betR,double * XYZ)
{
  int i,j,k,loop,IterationNo;
  double X1,Y1,Z1,X2,Y2,Z2;//左右片模型坐标
  double N1,N2,ddx,ddy;
  double Nx,Ny,Nz;
  double * xx, * yy, * x, * y;
  double * Bdot1_i_j, * * Epsilon_i_j, * * N, * * L;
  double * * Deltadot2, * * Deltadot0,DeltaMax;
  double * * R, * * M;
  R=dmatrix(0,3,0,3);
  M=dmatrix(0,3,0,3);
  R=leftRotatMatrix;//左片旋转矩阵
  M=rightRotatMatrix;//右片旋转矩阵
  double ConvergencyThreshhold=0.0005;//收敛阈值
  xx=newdouble[1];yy=new double[1];
  x=newdouble[2];y=new double[2];
  Nx=Xs1-Xs0;Ny=Ys1-Ys0;Nz=Zs1-Zs0;
  ddx=x1-x0L;ddy=y1-y0L;
  LensDistortionCorrect(ddx,ddy,xx,yy,k1L,k2L,p1L,p2L,alfL,betL);//左片畸变差
                                                                 //改正
  x[0]=ddx+xx[0];y[0]=ddy+yy[0];
  X1=R[0][0] * x[0]+R[0][1] * FocusLength0+R[0][2] * y[0];
  Y1=R[1][0] * x[0]+R[1][1] * FocusLength0+R[1][2] * y[0];
  Z1=R[2][0] * x[0]+R[2][1] * FocusLength0+R[2][2] * y[0];

  ddx=x2-x0R;ddy=y2-y0R;
  LensDistortionCorrect(ddx,ddy,xx,yy,k1R,k2R,p1R,p2R,alfR,betR);//右片畸变差
                                                                 //改正
  x[1]=ddx+xx[0];y[1]=ddy+yy[0];
  X2=M[0][0] * x[1]+M[0][1] * FocusLength1+M[0][2] * y[1];
  Y2=M[1][0] * x[1]+M[1][1] * FocusLength1+M[1][2] * y[1];
  Z2=M[2][0] * x[1]+M[2][1] * FocusLength1+M[2][2] * y[1];
```

```
N1= (Nx * Y2-Ny * X2)/(X1 * Y2-Y1 * X2);
N2= (Nx * Y1-Ny * X1)/(X1 * Y2-Y1 * X2);
XYZ[0]=N1 * X1+Xs0;
XYZ[1]=N1 * Y1+Ys0;
XYZ[2]= (N1 * Z1+N2 * Z2+Zs0+Zs1)/2.0;
//光束法平差迭代计算
  //Bundle Adjustment Method
  Bdot1_i_j=dmatrix(0,4,0,3);Epsilon_i_j=dmatrix(0,4,0,1);
  N=dmatrix(0,3,0,3);L=dmatrix(0,3,0,1);
  Deltadot0=dmatrix(0,3,0,1);//Corrections of X,Y,Z
  Deltadot2=dmatrix(0,3,0,1);//Corrections of X,Y,Z
  allocate_zero(Deltadot0,3,1);
  for(loop=0;loop<IterationNumber;loop++){
    allocate_zero(N,3,3);allocate_zero(L,3,1);
    allocate_zero(Bdot1_i_j,4,3);allocate_zero(Epsilon_i_j,4,1);
    Nx=R[0][0] * (XYZ[0]-Xs0)+R[1][0] * (XYZ[1]-Ys0)+R[2][0] * (XYZ[2]-Zs0);
    Ny=R[0][1] * (XYZ[0]-Xs0)+R[1][1] * (XYZ[1]-Ys0)+R[2][1] * (XYZ[2]-Zs0);
    Nz=R[0][2] * (XYZ[0]-Xs0)+R[1][2] * (XYZ[1]-Ys0)+R[2][2] * (XYZ[2]-Zs0);
    //For X
    Bdot1_i_j[0][0]= (R[0][0] * FocusLength0-R[0][1] * x[0])/Ny;
    Bdot1_i_j[1][0]= (R[0][2] * FocusLength1-R[0][1] * y[0])/Ny;
    //For Y
    Bdot1_i_j[0][1]= (R[1][0] * FocusLength0-R[1][1] * x[0])/Ny;
    Bdot1_i_j[1][1]= (R[1][2] * FocusLength1-R[1][1] * y[0])/Ny;
    //For Z
    Bdot1_i_j[0][2]= (R[2][0] * FocusLength0-R[2][1] * x[0])/Ny;
    Bdot1_i_j[1][2]= (R[2][2] * FocusLength1-R[2][1] * y[0])/Ny;
    //Constant
    Epsilon_i_j[0][0]=x[0]-FocusLength0 * Nx/Ny;
    Epsilon_i_j[1][0]=y[0]-FocusLength1 * Nz/Ny;

    Nx=M[0][0] * (XYZ[0]-Xs1)+M[1][0] * (XYZ[1]-Ys1)+M[2][0] * (XYZ[2]-Zs1);
    Ny=M[0][1] * (XYZ[0]-Xs1)+M[1][1] * (XYZ[1]-Ys1)+M[2][1] * (XYZ[2]-Zs1);
    Nz=M[0][2] * (XYZ[0]-Xs1)+M[1][2] * (XYZ[1]-Ys1)+M[2][2] * (XYZ[2]-Zs1);
    //For X
    Bdot1_i_j[2][0]= (M[0][0] * FocusLength0-M[0][1] * x[1])/Ny;
    Bdot1_i_j[3][0]= (M[0][2] * FocusLength1-M[0][1] * y[0])/Ny;
    //For Y
    Bdot1_i_j[2][1]= (M[1][0] * FocusLength0-M[1][1] * x[1])/Ny;
    Bdot1_i_j[3][1]= (M[1][2] * FocusLength1-M[1][1] * y[1])/Ny;
    //For Z
    Bdot1_i_j[2][2]= (M[2][0] * FocusLength0-M[2][1] * x[1])/Ny;
    Bdot1_i_j[3][2]= (M[2][2] * FocusLength1-M[2][1] * y[1])/Ny;
    //Constant
    Epsilon_i_j[2][0]=x[1]-FocusLength0 * Nx/Ny;
    Epsilon_i_j[3][0]=y[1]-FocusLength1 * Nz/Ny;
    for(j=0;j<3;j++) {
      for (k=0;k<3;k++) {
```

```
            for (i=0;i<4;i++)N[j][k]+=Bdot1_i_j[i][j]*Bdot1_i_j[i][k];
        }
        for (i=0;i<4;i++)L[j][0]+=Bdot1_i_j[i][j]*Epsilon_i_j[i][0];
    }
    MatrixInverse(N,3);matrix_mp(3,3,1,N,L,Deltadot2);
    for (i=0;i<3;i++)XYZ[i]+=Deltadot2[i][0];

    DeltaMax=0.0;
    for (i=0;i<3;i++) {
        DeltaMax=DeltaMax>fabs(Deltadot2[i][0]-Deltadot0[i][0])?
        DeltaMax:fabs(Deltadot2[i][0]-Deltadot0[i][0]);
        Deltadot0[i][0]=Deltadot2[i][0];
    }
    if (DeltaMax<=ConvergencyThreshhold) {
        IterationNo=loop;
        loop=IterationNumber;//Convergency
    }
}
free_dmatrix(Bdot1_i_j,0,4,0,3);
free_dmatrix(Epsilon_i_j,0,4,0,1);
free_dmatrix(N,0,3,0,3);
free_dmatrix(L,0,3,0,1);
free_dmatrix(Deltadot0,0,3,0,1);//Corrections of X,Y,Z
free_dmatrix(Deltadot2,0,3,0,1);//Corrections of X,Y,Z
delete[]xx;delete[]yy;delete[]x;delete[]y;
}

voidLensDistortionCorrect(double x,double y,double*dx,double*dy,double k1_1,
    double k2_1,double p1_1,double p2_1,double alf_1,double bet_1)
{//镜片畸变差
    double r;
    r=(x*x+y*y);
    *dx=x*(r*(k1_1+k2_1*r)+alf_1)+bet_1*y+
        p1_1*(r+2.0*x*x)+2.0*p2_1*x*y;
    *dy=y*r*(k1_1+k2_1*r)+2.0*p1_1*x*y+
        p2_1*(r+2.0*y*y);
}

double**dmatrix(int rowsl,int rowsh,int colsl,int colsh)
{//分配矩阵
    int i;
    int rows;
    int cols;
    double**B;
    rows=rowsh-rowsl;//行数
    cols=colsh-colsl;//列数
    B=new(double*[rows]);
    for(i=0;i<rows;i++) B[i]=new double[cols];
    return(B);
```

```
    }
double * * allocate_zero(double * * twoDmatrix,int row,int col)//矩阵置零
{
  inti,j;
  for(i=0;i<row;i++) {
    for (j=0;j<col;j++){
      twoDmatrix[i][j]=0.0;
    }
  }
  return (twoDmatrix);
}
void MatrixInverse(double * * a,int n)//矩阵求逆
{
  int * indxc, * indxr, * ipiv;
  int i,icol,irow,j,k,l,ll;//, * ivector();
  double big,dum,pivinv;
  //void nrerror(),free_ivector();
  icol=irow=1;
  indxc=ivector(0,n);//n+1 个元素
  indxr=ivector(0,n);
  ipiv=ivector(0,n);
  for (j=0;j<n;j++) ipiv[j]=0;
  for (i=0;i<n;i++) {
    big=0.0;
    for (j=0;j<n;j++)
      if (ipiv[j]! =1)
        for (k=0;k<n;k++) {
          if (ipiv[k]==0) {
            if (fabs(a[j][k])> =big) {
              big=fabs(a[j][k]);
              irow=j;
              icol=k;
            }
          }//else if (ipiv[k]> 1) nrerror("GAUSSJ:Singular Matrix-1");
        }
    ++(ipiv[icol]);
    if (irow! =icol) {
      for (l=0;l<n;l++) SWAP(a[irow][l],a[icol][l])
    }
    indxr[i]=irow;
    indxc[i]=icol;
    //printf("\n a% d% 17.10f\n",icol,a[icol][icol]);
    //if (fabs(a[icol][icol])<0.00000001) nrerror("GAUSSJ:Singular Matrix-2");
    pivinv=1.0/a[icol][icol];
    a[icol][icol]=1.0;
    for (l=0;l<n;l++) a[icol][l] * =pivinv;
    for (ll=0;ll<n;ll++)
```

```
      if (ll!=icol) {
        dum=a[ll][icol];
        a[ll][icol]=0.0;
        for (l=0;l<n;l++)a[ll][l]-=a[icol][l] * dum;
      }
  }
  for (l=n-1;l> =0;l--) {
    if (indxr[l]! =indxc[l])
      for (k=0;k<n;k++)
        SWAP(a[k][indxr[l]],a[k][indxc[l]]);
  }
  free_ivector(ipiv,0,n);
  free_ivector(indxr,0,n);
  free_ivector(indxc,0,n);
}
void free_dmatrix(double * * m,int nrl,int nrh,int ncl,int nch)//矩阵释放
{//释放矩阵
  int i;
  int rows;
  int cols;
  rows=nrh-nrl;
  cols=nch-ncl;
  for (i=0;i<rows;i++) delete []m[i];
  delete []m;
}
```

3. 实验和效果

1）实验区的选择

用于测试井下相机系统的实验区选择在北京市海淀区北蜂窝路,长 1.2 km,该路段包含热力井、通信井、排污井、给水井等各种典型的井,非常具有代表性。

2）20 目相机(CK-20Eyes)检校全景标定场

井下相机在作业之前,必须在全景检校场(图 4-1)进行畸变标定和外方位元素的解算工作。先在标定场将井下相机放置在中心位置完成 20 个摄像头的同步曝光,然后对单片进行像片点位量测(图 4-2)。

把每个摄像头的外方位元素和畸变差参数都作为未知数,利用单片后方交会迭代计算,实现相机的标定和畸变差检校。计算得出的 20 目相机的外方位元素和标定的畸变差参数分别如表 4-1 和表 4-2 所示。

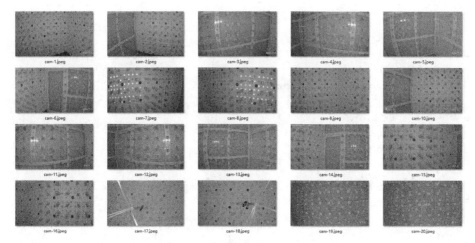

图 4‑1　全景检校场及点位分布

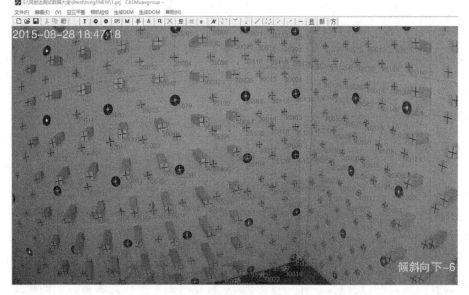

图 4‑2　多目全方位摄影测量相机检校场测量

表 4-1 多目全方位摄影测量相机的外方位元素

序号	摄像头	井下相机后方交会外方位元素					
		X_S	Y_S	Z_S	φ	ω	κ
1	Cam1	−0.008	0.137	−0.063	1.801 032	−15.250 2	0.853 544
2	Cam2	−0.008	0.136	−0.058	0.692 812	−15.243	1.276 471
3	Cam3	0.009	0.126	−0.054	−7.635 75	−16.975	0.142 669
4	Cam4	−0.003	0.155	−0.06	0.373 3	−14.708 1	0.555 959
5	Cam5	0.00	0.163	−0.06	0.358 329	−14.252 1	−0.093 57
6	Cam6	0.015	0.149	−0.061	0.346 328	−14.661 1	−0.707 39
7	Cam7	0.015	0.122	−0.06	0.590 738	−14.367 5	−1.383 79
8	Cam8	0.002	0.115	−0.061	−0.380 82	−15.135 1	−0.235 51
9	Cam9	−0.01	0.134	−0.314	0.380 257	−1.338 16	0.821 18
10	Cam10	−0.013	0.128	−0.313	0.467 851	−1.135 02	0.941 742
11	Cam11	−0.016	0.157	−0.31	1.844 294	0.398 854	1.116 332
12	Cam12	−0.006	0.147	−0.307	0.833 109	0.501 33	0.211 566
13	Cam13	−0.005	0.175	−0.31	1.387 5	0.844 42	−0.639 41
14	Cam14	0.018	0.147	−0.313	1.523 277	−0.282 56	−1.196 67
15	Cam15	0.02	0.129	−0.311	0.717 418	−1.059	−0.931 91
16	Cam16	0.003	0.116	−0.31	0.365 08	−1.270 28	0.005 39
17	Cam17	0.061	−0.003	0.001	1.020 262	1.285 926	−0.205 04
18	Cam18	−0.059	0	0	−0.903 67	0.856 535	0.210 79
19	Cam19	0.079	0.39	0.014	0.429 271	0.095 038	−0.057 92
20	Cam20	−0.104	0.382	0.009	0.846 673	8.7×10^{-5}	−0.398 44

表 4-2 多目全方位摄影测量相机的检校参数

序号	摄像头	镜头畸变差参数						内方位元素		
		径向畸变		切向畸变		非正方形改正系数		像主点和焦距		
		k_1	k_2	p_1	p_2	α	β	x_0	y_0	f
1	Cam1	2.52×10^{-7}	1.75×10^{-13}	-2.20×10^{-7}	4.27×10^{-6}	$-0.013\ 66$	-0.00038	1047.642	557.1807	1275.145
2	Cam2	2.34×10^{-7}	2.07×10^{-13}	5.35×10^{-7}	4.09×10^{-6}	$-0.015\ 05$	$-0.002\ 07$	$1\ 061.388$	$572.612\ 5$	$1\ 265.673$
3	Cam3	2.58×10^{-7}	1.56×10^{-13}	-5.70×10^{-7}	3.89×10^{-6}	$-0.013\ 84$	$-0.000\ 1$	$1\ 101.61$	$553.149\ 6$	$1\ 280.508$
4	Cam4	1.50×10^{-7}	2.75×10^{-13}	-3.20×10^{-6}	9.68×10^{-6}	$-0.014\ 63$	$-0.001\ 64$	$1\ 036.645$	$443.291\ 6$	$1\ 252.425$
5	Cam5	2.16×10^{-7}	2.24×10^{-13}	-3.50×10^{-7}	4.99×10^{-6}	$-0.013\ 1$	$-0.002\ 19$	1056.251	$584.358\ 7$	$1\ 258.296$
6	Cam6	2.20×10^{-7}	2.15×10^{-13}	2.40×10^{-6}	2.05×10^{-6}	$-0.017\ 01$	$-0.001\ 3$	$1\ 050.647$	$545.307\ 9$	$1\ 267.995$
7	Cam7	2.03×10^{-7}	2.39×10^{-13}	2.65×10^{-6}	4.24×10^{-6}	$-0.011\ 95$	$0.000\ 45$	$1\ 084.833$	548.38	$1\ 273.931$
8	Cam8	2.00×10^{-7}	2.41×10^{-13}	-6.70×10^{-7}	5.16×10^{-6}	$-0.010\ 23$	$-0.001\ 27$	$1\ 047.899$	$483.003\ 5$	$1\ 276.304$
9	Cam9	2.69×10^{-7}	1.60×10^{-13}	-2.30×10^{-8}	-5.60×10^{-7}	$-0.012\ 91$	$-0.000\ 45$	$957.964\ 8$	$581.182\ 8$	$1\ 265.447$
10	Cam10	2.23×10^{-7}	1.98×10^{-13}	5.35×10^{-7}	-8.30×10^{-7}	$-0.016\ 07$	$0.000\ 712$	$1\ 051.737$	$474.875\ 3$	$1\ 285.246$
11	Cam11	1.87×10^{-7}	2.48×10^{-13}	-6.80×10^{-7}	1.19×10^{-6}	$-0.016\ 07$	$0.000\ 969$	$1\ 020.07$	$536.480\ 7$	$1\ 251.51$
12	Cam12	2.41×10^{-7}	1.79×10^{-13}	-3.50×10^{-7}	-1.30×10^{-6}	$-0.015\ 25$	$-0.000\ 14$	$1\ 014.858$	$539.683\ 4$	$1\ 279.749$
13	Cam13	2.17×10^{-7}	2.34×10^{-13}	-3.70×10^{-6}	-6.00×10^{-7}	$-0.010\ 59$	$0.000\ 262$	$1\ 000.093$	562.176	$1\ 257.501$
14	Cam14	2.14×10^{-7}	2.26×10^{-13}	-1.80×10^{-7}	-1.50×10^{-6}	$-0.017\ 98$	$-0.000\ 8$	$1\ 070.66$	461.618	$1\ 268.686$
15	Cam15	1.97×10^{-7}	2.39×10^{-13}	5.72×10^{-7}	4.02×10^{-6}	$-0.012\ 16$	$0.001\ 057$	$1\ 012.223$	$533.175\ 1$	$1\ 268.119$
16	Cam16	2.42×10^{-7}	1.86×10^{-13}	-7.00×10^{-7}	3.34×10^{-6}	$-0.013\ 23$	$-0.001\ 34$	1024.106	$499.119\ 7$	$1\ 275.786$
17	Cam17	2.28×10^{-7}	2.33×10^{-13}	3.01×10^{-6}	5.74×10^{-6}	$-0.004\ 72$	$-0.000\ 89$	$963.957\ 3$	$467.796\ 8$	$1\ 244.623$
18	Cam18	1.75×10^{-7}	2.83×10^{-13}	3.81×10^{-6}	5.64×10^{-6}	$-0.004\ 62$	$-0.001\ 12$	$1\ 070.406$	$557.912\ 7$	$1\ 239.138$
19	Cam19	2.26×10^{-7}	2.45×10^{-13}	-2.40×10^{-6}	-6.80×10^{-7}	$-0.000\ 25$	$0.002\ 778$	$1\ 076.502$	$528.825\ 1$	$1\ 261.971$
20	Cam20	2.23×10^{-7}	2.38×10^{-13}	-7.00×10^{-7}	-2.60×10^{-7}	-8.2×10^{-5}	$0.000\ 86$	$1\ 014.207$	$482.741\ 5$	$1\ 273.769$

3）实验方案和实施

本次实验的目的是检测本系统的工作效率和检测精度，包括硬件系统的可操作性、相机对环境的适应性、影像的清晰度、软件的易操作性以及最终成果精度。

实验的实施采用传统的作业方式和多目全方位摄影测量相机同时作业的方式，对井进行逐个调查，没有针对性和选择性。量测的内容有管径的长宽、半径、方向和埋深（从井口到量测目标的上边沿），现场操作如图 4-3 所示。

图 4-3　多目全方位摄影测量相机工程测量现场

（1）实验记录

井下测量记录格式如表 4-3 所示，按照不同类型的井，记录井脖长度、管线埋深、管径尺寸以及材质等参数。

表 4-3　地下井普查记录格式表　　　　　　　　单位：m

井号	26 电信					
井脖	−0.58					
井底	−2.14					
方向	北/规格	0.23	量深	−1.00	材质	铁
方向	南/规格	0.23	量深	−0.64	材质	铁
方向	西/规格	0.43	量深	−0.88	材质	铁
方向	北/规格	0.46	量深	−0.82	材质	铁
方向	东/规格	0.25	量深	−0.81	材质	铁
井号	44 雨水					
井底	−2.19					
方向	东/规格	0.30	量深	−0.75	材质	砼
方向	西/规格	0.30	量深	−0.75	材质	砼
方向	南/规格	1.20	量深	−1.62	材质	砼
方向	北/规格	1.20	量深	−1.58	材质	砼

（2）精度和效率比较

在测试过程中,选取了 20 个不同类型的井,用多目全方位摄影测量相机测量和人工测量两种方法测量,并进行了精度比较,比较结果见表 4-4。

表 4-4 多目全方位摄影测量相机测量和人工测量两种测量方法比较

序号	井类型	颈部长度/cm			埋深/cm			管径/mm		
		手工	相机	手工-相机	手工	相机	手工-相机	手工	相机	手工-相机
1	电信	75.50	74.52	0.98	210.20	210.33	−0.13	600.00	604.20	−4.20
2	电信	35.40	35.52	−0.12	90.50	90.54	−0.04	92.00	90.30	1.70
3	污水	53.40	53.21	0.19	91.40	91.57	−0.17	92.00	90.50	−4.50
4	热的	65.70	64.87	0.83	208.10	209.17	−1.07	602.00	600.30	−1.30
5	电信	185.80	184.91	0.89	103.50	102.12	1.38	273.00	272.20	−4.20
6	电信	53.80	52.71	1.09	90.80	90.52	0.28	91.00	92.80	−1.80
7	热力	53.10	52.51	0.59	90.90	90.37	0.53	93.00	90.20	2.80
8	电气	298.10	298.10	0.00	103.10	102.97	0.13	274.00	276.00	−2.00
9	污水	57.00	57.20	−0.20	91.50	91.88	−0.38	150.00	158.60	−8.60
10	污水	47.00	47.44	−0.44	202.50	202.42	0.08	601.00	599.50	1.50
11	权力	38.00	37.84	0.16	201.90	201.51	0.39	601.00	600.10	0.90
12	电信	150.60	150.35	0.25	101.40	101.65	−0.25	151.00	158.50	−8.50
13	电信	43.50	43.12	0.38	90.70	89.47	1.23	92.00	90.50	−5.50
14	污水	88.10	87.40	0.70	90.40	91.54	−1.14	92.00	90.20	−3.20
15	污水	100.10	99.90	0.20	211.60	210.07	1.53	601.00	606.40	−5.40
16	污水	175.10	175.52	−0.42	211.10	210.41	0.69	602.00	600.40	−3.40
17	电信	185.50	185.45	0.05	213.80	213.23	0.57	601.00	598.50	2.50
18	雨水	65.50	64.56	0.94	90.50	90.55	−0.05	90.00	87.20	2.80
19	热力	125.90	124.64	1.26	131.50	131.54	−0.04	501.00	495.50	5.50
20	电信	171.40	171.62	−0.22	100.70	99.81	0.89	273.00	281.50	−8.50
		井脖长度中误差＝1.31 cm			埋深中误差＝1.09 cm			管径尺寸中误差＝4.10 mm		

井下拍摄了不同类型井的影像,如图 4-4 的排污井、图 4-5 的雨水井、图 4-6 的电信井和图 4-7 的热力井等。

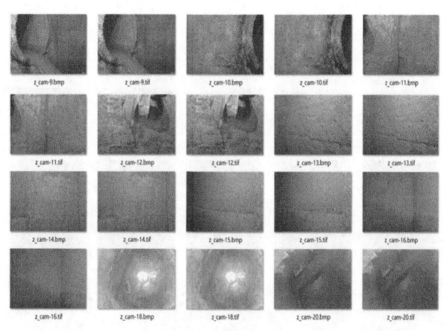

图 4 - 4　排污井影像

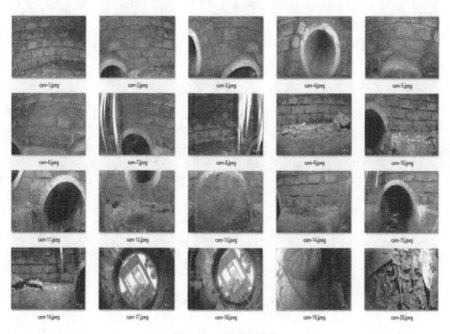

图 4 - 5　雨水井影像

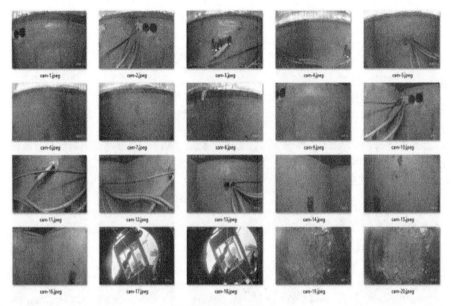

图 4-6　电信井影像

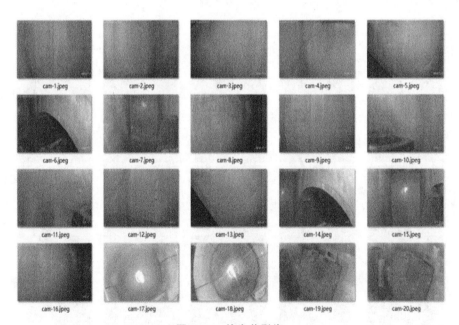

图 4-7　热力井影像

本项目研发的多目全方位摄影测量相机内业操作软件界面如图4-8所示。

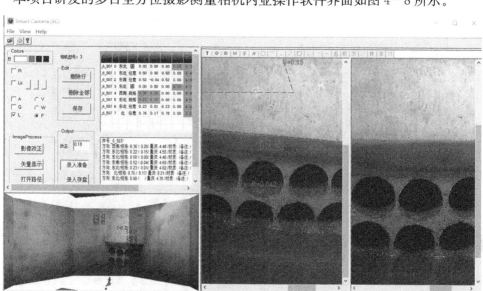

图4-8　多目全方位摄影测量相机内业操作软件界面

软件将测量结果按照井下普查的数据格式输出和录入数据库,如图4-9所示。

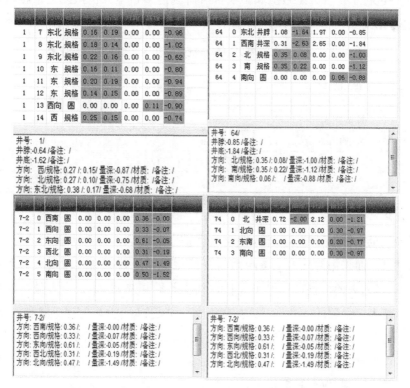

图4-9　多目全方位摄影测量相机内业量测结果输出

传统模式的井下普查和多目全方位摄影测量相机的测量方法截然不同,两者的作业现场如图 4-10 如示。

(a) 传统井下测量方法　　　　　(b) 多目全方位摄影测量相机测量方法

图 4-10　传统井下测量和多目全方位摄影测量相机测量方法比较

实验总共对 151 个不同类型的井,包括电信井、污水井、排水井、给水井、热力井等进行了测量,并进行了传统人工量测和本项目所研制的多目全方位摄影测量相机量测的工作效率比较,结果如表 4-5 所示。

表 4-5　多目全方位摄影测量相机量测和人工量测的效率比较

序号	比较内容	人工量测	多目全方位摄影测量相机
1	使用工具	卷尺	多目相机
2	外业用时/井	8 min	1.5 min
3	内业用时/井	3.7 min	3 min
4	安全程度	差	好
5	效率	1 倍	2.3 倍

(3) 结论

采用多目全方位摄影测量相机,外业只需拍照并在立体像对上量测就可以了,不需要做草图记录。而采用传统人工量测则需要把每个调查数据通过现场记录和画草图的方式记录下来,回去还得整理成电子文档。从实验结果来看,多目全方位摄影测量相机量测的效率是人工量测的 2.3 倍。从安全角度来说,工人下井可能遇到各种有毒气体,会伤害身体。另外,在地面作业时交通状况复杂,减少路面作业时间本身就是降低风险的一种方法。在数据管理方面,多目全方位摄影测量相机可以把量测结果通过数据和原始图像的形式保存下来,以备日后检索。

4.2　近景摄影测量在公路高边坡滑坡监测工程中的应用

1. 近景摄影测量在高边坡滑坡监测工程中开展的意义

公路工程呈线状分布,长距离跨越不同地形、不同地质条件的区域。路基边坡土体或岩体长期受地表水、地下水活动及地壳运动、风化等影响,结构被破坏,逐渐失去支撑力,在自重力作用下,整体沿着一定软弱面向下滑动,从而引起滑坡或崩塌。虽然引起滑坡和崩塌的主要作用因素是地质和水文因素,但由于这些因素的不确定性,导致公路地质灾害监测难度大,需研究与之相适应的监测预警方法。

目前,对于公路边坡多数仍采用人工定期巡查监测的方式,个别路段的边坡采用现场埋设位移传感器的方式。这些监测方式存在以下缺点:① 人工巡查监测受天气、地形和人的主观感觉等因素影响较大,恶劣天气情况下无法监测,会出现监测真空期;② 现场埋设位移传感器需要以边坡断面为单位布设传感器,整个边坡监测的初期投资较大,且部分公路边坡由于受空间、地形、岩土特性等因素影响,施工和后期维护都比较困难。这些因素都导致了对于大部分公路边坡无法进行全面、长期、持续的监测,建设管理单位缺少有效技术手段保障公路边坡安全。交通管理和科研部门也在不断尝试使用各种手段监测公路边坡的形变位移,有传统的监测法如宏观地质经验法、简易观测法,也有数据测量法如大地测量法、GPS 监测法、激光雷达法,还有星载干涉雷达、TDR 监测等测量方法。这些方法虽然有效,但都存在成本高、监测范围小、人工干预多、实时性差、周期长等问题。

鉴于公路边坡监测的重要性和目前监测方法的局限性,本书提出一种精度高、检测速度快、部署成本低、监测范围大、可 24 h 无人值守连续监测的边坡监测预警技术,并研发了基于机器视觉的公路边坡微小形变位移监测仪及预警平台。

2. 技术路线图

项目的实施从研究关键技术开始,遵循算法与原理样机同步进行,成果工程化与示范应用并举的技术路线。项目实施分为三个阶段:第一阶段,项目需求调研、应用场景调用,形成需求分析报告和项目详细实施方案;第二阶段,研制原理样机、搭建模拟测试环境、开发相关软件;第三阶段,搭建云服务监测平台,建设一个监测示范工程,实现无须值守的公路边坡微小形变连续监测系统。利用近景摄影测量方法实现公路高边坡的形变监测的作业流程如图 4 - 11 所示。

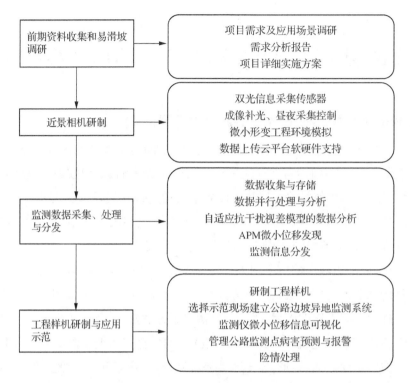

图 4－11　近景摄影测量在公路高边坡形变监测中的作业流程

3. 高边坡近景监测仪的硬件研制

监测仪的研制分硬件和软件控制两部分。硬件部分主要采用 CMOS 成像技术,设计相应的光学望远镜系统和夜间及低能见度条件下的目标自动补光系统,实现双光传感器全天时获取的位移时变影像信息量达到高精度检测要求。常规的量测相机或者非量测相机受焦距长度和尺寸的限制很难达到百米 0.1 mm 分辨率量级的光学影像。本项目从硬件角度出发,突破焦距长度、体积、成本的限制,重新设计镜头组合方式以提高定焦长度,为获取高分辨率影像提供了结构基础。同时双反射光学镜片的组合配合光学望远镜系统有效减小了监测仪的体积,如图 4－14 所示。

1）监测仪设计

监测仪的整体结构设计如图 4－12 所示,主要由镜头、主板、远程控制器、外壳等几部分组成。

监测仪内部由遮光罩(图 4－13)、支撑架(图 4－14)和镜头成像光路(图 4－15)等几部分组成。

监测仪的各机械部件的控制需要研发专门的软件系统来实现对监测仪的远距离对焦、光圈调节、ISO 设置以及拍照模式和拍照频率的控制。

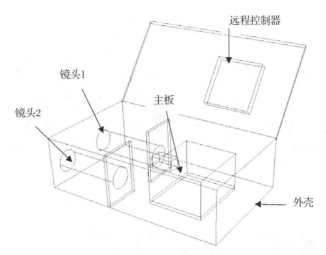

图 4 - 12　监测仪设计图

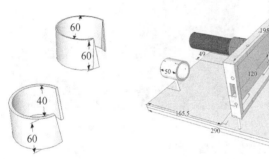 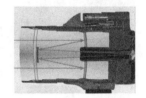

图 4 - 13　遮光罩设计图　　　图 4 - 14　支撑架设计图　　　图 4 - 15　镜头成像光路示意图

2）监测仪机械加工

监测仪由于长期安置于野外,虽然没有全部暴露于太阳直射环境下,但为了防风防雨,设备外壳需要做成密封的,在夏天高温情况下,密封盒内温度会增加,在超过 60 ℃的情况下会影响设备正常工作,所以必须安置降温系统。

为保证监测仪的高精度和高稳定性,对构成监测仪的各机械部件需要模具开模和数码机床编程加工(图 4 - 16),包括双光相机稳定连接部件、红外补光支撑部件、降温设备循环排放部件(图 4 - 17)、整体机壳和监测仪内部(图 4 - 18)以及外围设备连接固定和立杆支撑等设备(图 4 - 19)。

图 4-16　机加工数码机床

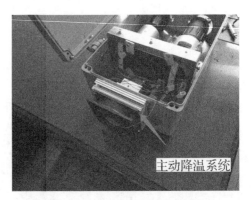

图 4-17　监测仪主动降温系统

（a）监测仪内部

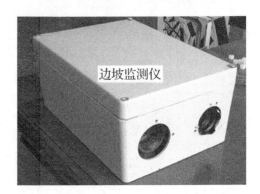

（b）监测仪外部

图 4-18　双光视觉传感器监测仪

（a）监测仪支架

（b）监测仪立杆加工

图 4-19　监测支撑平台加工实施

4. 高边坡近景监测仪现场施工

本项目选取延吉市至三道湾公路的延三4级公路，开展边坡微小形变位移监测的示范验证工作。该路段在山区，地貌主要岩性为花岗岩、凝灰质砂岩、砂岩、泥岩、黏性土、砂性土。该段级公路从建设到使用曾发生多处滑坡,软质岩石主要发生牵引式滑动,硬质岩石有混合式滑动,也有崩塌现象。

1)现场距离量测(图4-20)

60 m
170 m
54 m
塔外斜
184 m
本照片拍摄的地方

图4-20　野外踏勘和相关距离概算

2)基站设计

为了让放置监测仪的机座稳定,采用直径20 cm的钢管作为支撑,基站座采用水泥浇灌方式以更加稳定(图4-21)。

3)靶标设计和制作

对于监测靶标,考虑到野外安装的方便和软件可识别性,在岩石上用黑白两色油漆涂抹大小长短不一的纹理图案。考虑到安全性,在施工时租用了40 m高空作业车协助完成靶标的制作。

靶标是采用黑白自喷漆在岩石上绘制大小和方向不一的一些图案,用于监测软件自动识别图案,靶标图案如图4-22所示。制作靶标时,工作人员由工程车送到相应的位置,在岩石上绘制图案(图4-23)。

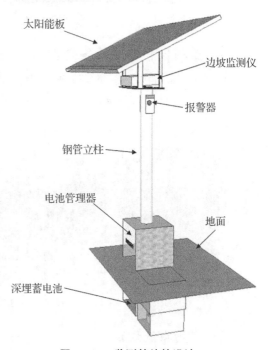

太阳能板
边坡监测仪
报警器
钢管立柱
电池管理器
地面
深埋蓄电池

图4-21　监测基站的设计

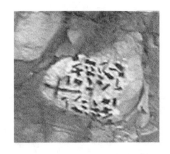

图4-22　靶标定位和图案

图4-23　高空制作靶标

4）监测仪和外围设备安装

设备安装时,由于冬季温度较低,现场浇灌水泥干得较慢,所以就选购了现成的基座直接埋在地下。完成外业设备安装后,进行现场设备调试,对靶标进行瞄准对焦调试(图4-24)。

图4-24　设备现场调试和对靶标瞄准对焦调试

5）现场系统调试

（1）图像采集设备

图像采集设备可实现远程人机交互,监测人员通过远程可以控制图像的采集频率和成像质量。

（2）数据回传和接收

数据由外业自动采集以后，实时通过无线网络传输到服务器和客户端。客户端需要搭建接收远程数据的 FTP 服务。在现场调试时，针对不同图像质量传输、不同拍照间隔、不同 IP 地址网络进行严格测试。需要经过 3 天以上的现场持续观察，持续工作必须稳定。

6）远程近景序列影像的发送和接收

设备全天时不间断采集数据（图 4-25）。

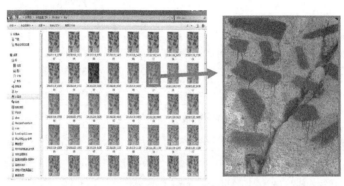

（a）靶标的白天数据

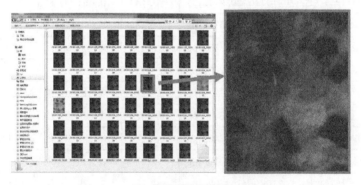

（b）靶标的夜间数据

图 4-25　高边坡监测仪采集的靶标数据

7）数据处理和实时监测

根据发回的白天和夜间的影像数据，本项目自主研发的形变监测软件将边坡上靶标的形变状态用曲线的形式进行绘制处理。

5. 工程实验效果

经过几个月的数据处理和分析，监测出了边坡在水平和垂直方向的形变量，监测数据见表 4-6。服务器上形变监测软件的界面如图 4-26 所示。

表 4-6　高边坡形变监测数据

水平位移 D_x/mm	垂直位移 D_y/mm	序列影像文件	水平位移 D_x/mm	垂直位移 D_y/mm	序列影像文件
−0.021	0.002	B:\20210715_153022.jpg	−0.045	−0.148	B:\20210716_164401.jpg
0.124	−0.036	B:\20210715_153436.jpg	−0.275	−0.050	B:\20210716_164746.jpg
−0.084	0.319	B:\20210715_153850.jpg	−0.229	0.018	B:\20210716_165132.jpg
−0.185	0.251	B:\20210715_154304.jpg	0.061	0.106	B:\20210716_170248.jpg
−0.342	−0.014	B:\20210715_154719.jpg	−0.126	0.262	B:\20210716_170635.jpg
0.003	0.096	B:\20210715_155134.jpg	0.092	0.171	B:\20210716_172145.jpg
−0.206	0.026	B:\20210715_160420.jpg	0.111	0.194	B:\20210716_172531.jpg
−0.183	0.054	B:\20210715_160836.jpg	0.052	0.323	B:\20210716_173819.jpg
−0.130	−0.469	B:\20210715_161253.jpg	0.214	0.098	B:\20210716_180043.jpg
−0.219	−0.108	B:\20210715_174938.jpg	0.109	0.059	B:\20210716_180824.jpg
−0.367	−0.011	B:\20210715_180232.jpg	0.101	0.285	B:\20210716_181555.jpg
−0.114	−0.345	B:\20210715_181940.jpg	−0.140	0.332	B:\20210716_181941.jpg
−0.239	−0.193	B:\20210715_190810.jpg	0.004	−0.154	B:\20210716_202138.jpg
−0.417	0.119	B:\20210715_202041.jpg	−0.189	0.461	B:\20210716_202526.jpg
−0.627	−0.115	B:\20210715_202519.jpg	…	…	…
−0.733	−0.141	B:\20210716_092334.jpg	…	…	…
−0.094	−0.165	B:\20210716_093203.jpg	…	…	…
−0.627	0.063	B:\20210716_103127.jpg	0.057	0.313	B:\20211123_162602.jpg
−0.318	0.226	B:\20210716_103541.jpg	0.207	0.366	B:\20211123_163404.jpg
−0.578	0.019	B:\20210716_130246.jpg	0.017	0.180	B:\20211123_170550.jpg
−0.061	−0.114	B:\20210716_130719.jpg	−0.277	0.385	B:\20211123_172141.jpg
−0.507	−0.161	B:\20210716_153207.jpg	−0.186	0.029	B:\20211123_173732.jpg
−0.196	−0.156	B:\20210716_154326.jpg	−0.086	0.051	B:\20211123_174527.jpg
−0.301	−0.153	B:\20210716_155057.jpg	−0.225	0.221	B:\20211123_175322.jpg
−0.191	−0.205	B:\20210716_160213.jpg	−0.185	0.186	B:\20211123_180118.jpg
−0.440	−0.050	B:\20210716_160559.jpg	−0.319	0.298	B:\20211123_180913.jpg
−0.356	0.141	B:\20210716_162455.jpg	−0.283	0.212	B:\20211123_181708.jpg
−0.111	−0.068	B:\20210716_163630.jpg	−0.188	0.222	B:\20211123_182503.jpg
−0.045	−0.148	B:\20210716_164401.jpg	−0.329	0.204	B:\20211123_184053.jpg

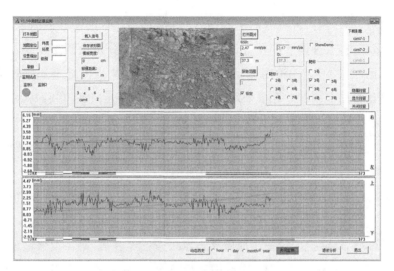

图 4 - 26　形变监测软件界面

总结本项目成果有如下几个方面：

（1）边坡微小形变位移监测系统能够实现对高边坡进行毫米级的形变监测，同时能够以图表、图像以及数据的形式记录和展示变化趋势。

（2）结合气象和地质环境对所监控的区域实现在微小变形超过设定阈值的情况发生 10 s 内自动向监控中心和管理责任人发出警报通知，极大可能预警灾情，防止次生灾害发生。

（3）设备具有高度抗寒能力，实践验证在零下 19 ℃时设备仍然在正常工作。

（4）对边坡的白天和夜间监测时间有序衔接，实现全天 24 h 无人值守监测。

（5）在延三公路试点对边坡设计的靶标定时拍照，拍摄距离为 50 m，获取场景的影像分辨率（GSD）达 0.3 mm。该分辨率足够为监测软件提供毫米级的数据。目前监测精度在 3 mm 以内。

4.3　近景摄影测量在地质灾害监测中的应用

1. 地质灾害监测的现状和意义

我国是一个地质灾害（简称地灾）频发的国家，其中发生最多的是崩塌、滑坡和泥石流。近几年自然资源部颁发了一系指导文件和技术标准来加强对地质灾害监测工作的指导和管理。中国测绘科学研究院被认为是地质灾害监测方面的一个主要科技力量。

崩塌、滑坡、泥石流灾害监测的主要内容包括四个方面:灾害形成因素及机理,灾害活动方式及破坏力,灾害体形变发育过程,致灾参数统计分析及预报预警。在前两个方面,我们国家已经做了几十年的工作,尤其是得益于近年来航天航空遥感技术的大力支持,目前已确认全国范围有5万多个列入日常监测的站点。但是,在后两个方面,对于实地站点的监测工作,近几年虽然投入很大,进展却不尽人意。研究人员认为主要薄弱点在于用仪器所监测的数据不能与后续的分析处理紧密结合,不能满足预报预警的需求。我们从测绘学角度的理解是:目前现有的监测手段所获取的数据信息量不足,在精度和密度上不能满足岩土力学和地质致灾机理分析计算的要求。因此需要高精密度的测绘技术支持。

截至2020年,尽管全国第一次地质灾害点普查已经完成,第一批普适型地灾监测设备已经组织并部署到位,但是从2014年—2019年已发生的地灾统计结果来看,全国94%的地质灾害发生在广大农村地区,83%的地灾发生在调查隐患识别区之外。鉴于此,各基础地灾防治单位普遍采用"人防+技防"的综合手段。同时也发现普适型检测设备存在先天不足,如裂缝计监测范围有限,GNNS(全球导航卫星系统)位移监测仪有以点概面且误差模糊圆较大(厘米级)等不足。

由于地质致灾理论问题高度复杂,且该问题在全世界范围内已有大量研究,因此本书的研究内容锁定在充分利用现代先进测绘技术,以地质致灾理论为指导,完成一项完整的工程实践,形成可推广的地质斜坡监测预警技术方案。

2. 工程项目主要研究内容

1)工程选址

四川省理县下孟乡危岩带位于东经103°15′41″~105°17′50″,北纬31°33′18″~31°34′48″,是一个全长3 km的山岭危岩带(图4-27)。四川省自然资源厅拟将开展此监测工程,这也是本项目的最终成果转化的工程目标之一。

图4-27 地灾监测工程环境情况

该危岩带的地质构造如图4-28所示,共有16处灾害隐患点(表4-7),拟选其中一个点进行监测实验。

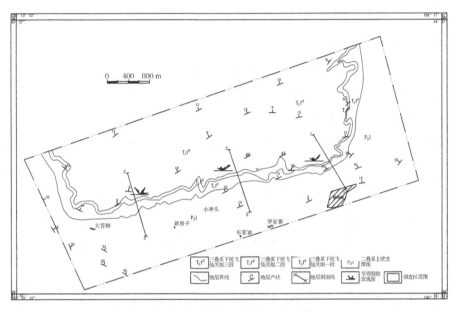

图 4 - 28　调查区地质构造纲要图

表 4 - 7　危岩灾害隐患点

崩塌（危岩编号）	宽度/m	高/m	厚/m	方量/m³	规模
BT1	12	120	20	28 800	中型
BT2	51	430	30	657 900	大型
BT3	45	210	35	331 000	大型
BT4	40	235	35	329 000	大型
BT5	43	253	45	490 000	大型
BT6	40	52.7	20	42 000	中型
BT7	50	251	44	552 000	大型
BT8	90	150	40	540 000	大型
BT9	48	52	25	62 400	中型
BT10	30	55	20	33 000	中型
BT11	70	350	30	735 000	大型
BT12	110	100	40	330 000	大型
BT13	54	120	20	97 200	中型
BT14	170	290	20	739 000	大型
BT15	100	170	10	170 000	大型
BT16	130	850	35	2 900 000	特大型

2）实地勘测和解决方案制定

参照地质灾害调查与评估报告，到实地踏勘。根据实际情况，研究制定技术解决方案，包括用什么仪器，布设多少观测站点，如何长期监测实施，如何进行数据处理。

根据技术解决方案，在实地用全站仪测量控制点，形成监测控制网。

3）布设监测仪器设备

针对既往经验，要求新型设备具有比现有仪器更高的量测形变的精度。同时采样点要密集，包括空间上密集，每个坡体不少于 50 个监测点位；时间上密集，每小时有数次观测值，不少于 1/3 的点位可以有日夜不间断观测。

4）日常监测运行

在实验期的半年内完成日常监测，包括数据采集、通信传输以及设备维护。

5）监测数据的平差处理

① 监测数据的小波分析和去噪。

② 坡体全部点位数据的整体平差。

③ 由观测到的位移值解算三维矢量、加速度和坡体倾角变化值。

④ 基于统计学原理的长历时数据分析。

6）监测数据与地质模型的联合分析

① 基于监测数据的坡体位移-时间曲线分析。

② 基于边坡稳定性模型的监测动态分析。

③ 多种岩土力学模型联合的动态变化分析。

3. 项目采用的监测方法研究

1）危岩体稳定性的岩土力学计算方法

选择部分典型的具有代表性的危岩崩塌类型进行稳定性计算分析。

（1）滑移式破坏

滑移式危岩体比较有代表性的结构如图 4 - 29 所示，其稳定性计算公式如下：

$$F = \frac{(W\cos\alpha - Q\sin\alpha - V\sin\alpha) \cdot \tan\varphi + cl}{W\sin\alpha + Q\cos\alpha + V\cos\alpha} \quad\quad (4-3)$$

式中：V——裂隙水压力（kN/m），根据不同工况按规定计算；

$\quad\quad F$——危岩稳定性系数；

$\quad\quad c$——后缘裂隙黏聚力标准值（kPa）；当裂隙未贯通时，取贯通段和未贯通段黏聚力标准值按长度加权的加权平均值，未贯通段黏聚力标准值取岩石黏聚力标准值的 0.4 倍；

φ——后缘裂隙内摩擦角标准值(°);当裂隙未贯通时,取贯通段和未贯通段内摩擦角标准值按长度加权的加权平均值,未贯通段内摩擦角标准值取岩石内摩擦角标准值的 0.95 倍;

α——滑面倾角(°);

W——危岩体自重(kN/m)。

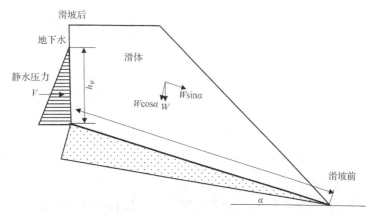

图 4-29　滑移式危岩体稳定性计算模型(后缘有陡倾裂隙)

(2) 倾倒式破坏

对于倾倒式危岩体,其稳定性由后缘岩体抗拉强度控制。危岩体重心在倾覆点之外时(图 4-30),其稳定性计算公式如下:

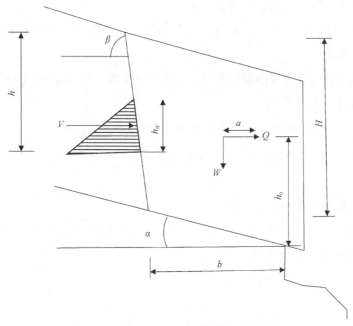

图 4-30　倾倒式危岩体稳定性计算模型

$$F=\cfrac{\frac{1}{2}f_{lk}\cdot\frac{H-h}{\sin\beta}\left[\frac{2}{3}\frac{H-h}{\sin\beta}+\frac{b}{\cos\alpha}\cos(\beta-\alpha)\right]}{W\cdot a+Q\cdot h_0+V\left[\frac{H-h}{\sin\beta}+\frac{h_w}{3\sin\beta}+\frac{b}{\cos\alpha}\cos(\beta-\alpha)\right]} \quad (4-4)$$

危岩体重心在倾覆点之内时,其稳定性计算公式如下:

$$F=\cfrac{\frac{1}{2}f_{lk}\cdot\frac{H-h}{\sin\beta}\cdot\left[\frac{2}{3}\frac{H-h}{\sin\beta}+\frac{b}{\cos\alpha}\cos(\beta-\alpha)\right]+W\cdot a}{Q\cdot h_0+V\left[\frac{H-h}{\sin\beta}+\frac{h_w}{3\sin\beta}+\frac{b}{\cos\alpha}\cos(\beta-\alpha)\right]} \quad (4-5)$$

式中:F——危岩稳定性系数;

$\quad W$——危岩体自重(kN/m);

$\quad V$——裂隙水压力(kN/m);

$\quad Q$——单位长危岩块体承受的水平地震力(kN/m);$Q=\zeta_e W$,其中 ζ_e 为地震水平系数,取 0.025;

$\quad h$——后缘裂隙深度(m);

$\quad h_w$——后缘裂隙充水高度(m);天然时取 $1/3h$,暴雨时取 $1/2h\sim2/3h$(根据裂隙发展情况和汇水情况而定);

$\quad H$——后缘裂隙上端到未贯通段下端的垂直距离(m);

$\quad a$——危岩体重心到倾覆点的水平距离(m);

$\quad b$——后缘裂隙未贯通段下端到倾覆点之间的水平距离(m);

$\quad h_0$——危岩体重心到倾覆点的垂直距离(m);

$\quad f_{lk}$——危岩体抗拉强度标准值(kPa),根据岩石抗拉强度标准值乘以 0.4 的折减系数确定;

$\quad \alpha$——危岩体与基座接触面倾角(°),外倾时取正值,内倾时取负值;

$\quad \beta$——后缘裂隙倾角(°)。

2)基于位移监测的位移-时间曲线及斋藤模型方法

根据视频监测的观测值,进行小波变换和处理,得到位移-时间曲线,按斋藤模型进行险情评估。

3)待研究的统计分析方法

在已经得到加速度-时间曲线的基础上,根据长历时记录,进行概率统计处理,建立预测模型,由预测值指导预警。

4）关键技术

（1）一台视频检测仪同时观测多个靶标的技术

由一台视频监测仪同时观测多个靶标，尤其是岩石体上的天然纹理靶标，可以准确地量测岩体上不同点位间的相对位移值，达到很稳定的观测精度。而且，这些靶点可以设置得很密集，满足岩石力学建模的需求。

（2）日夜监测技术

利用新近研究成功的灯光靶标，可以稳定有效而且精度很高地实现夜间观测。这对于坡脚临近村落的坡体非常适合。

（3）视频裂缝仪技术

基于摄影测量学中的中心投影交比不变性原理，新近研究成功的视频裂缝仪可以在摄像头摇摆的条件下精确测量裂缝宽度的变化，使视频裂缝仪的环境适应性和测量稳定性大大增强。

4. 项目实施的技术路线

项目实施的技术路线如图4-31所示，通过收集资料、实地勘探、监测方案制定等工程技术途径完成项目实施与成果展示。

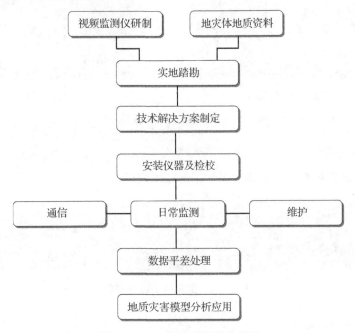

图 4 - 31　项目实施技术路线图

依据上述技术路线，项目实施分为地质灾害斜坡稳定性监测模型的研究确立、前期地质环境资料搜集、高精度斜坡模型测绘、高精度视频监测设备制造加工、斜坡稳定性监测和预报方案设计、硬件设备安装和软件部署及监测预报等6个方面的工作。

5. 项目实施

1）踏勘

实地调查，对地质变化的情况进行初步了解和掌握（图4－32）。

图4－32　监测区地质构造踏勘及危险情况

2）靶标设计和安装

通过分析在地质较明显的区域设置测线，每条测线上安装靶标，如图4－33所示。

（a）靶标安装在现场　　　　　　　（b）靶标

图4－33　地灾监测靶标设计和安装

3）设备安装

安装完监测仪和靶标的整体效果如图4－34所示。

图4－34　地灾监测设备安装

4）数据远程获取

远程采集的靶标数据被发送到服务器，由服务器数据处理软件进行序列影像的匹配、纠正等工作，如图4－35所示。

图 4 – 35 地灾监测远程数据获取及匹配处理

6. 监测效果

监测结果列于地质灾害水平和垂直变形监测表中,如表 4 – 8 所示。

表 4 – 8 地质灾害水平和垂直变形监测表

水平移动量 D_s/mm	高度变化量 D_h/mm	水平方向变形速率 v_s/(cm/d)	垂直方向变形速率 v_h/(cm/d)	序列影像文件
−0.077	0.376	0.00	0.12	E:\cam2\20210913_095537.jpg
−0.191	0.224	0.00	0.13	E:\cam2\20210913_100054.jpg
0.315	0.350	0.01	0.12	E:\cam2\20210913_101011.jpg
0.138	0.848	0.01	0.12	E:\cam2\20210913_101526.jpg
−0.064	0.702	0.01	0.11	E:\cam2\20210913_102042.jpg
−0.726	0.957	0.02	0.10	E:\cam2\20210913_102557.jpg
−0.403	1.472	0.02	0.08	E:\cam2\20210913_104029.jpg
0.872	1.464	0.03	0.06	E:\cam2\20210913_111049.jpg
−0.468	2.015	0.04	0.04	E:\cam2\20210913_112005.jpg
0.359	2.867	0.05	0.02	E:\cam2\20210913_113037.jpg
0.159	2.556	0.06	0.00	E:\cam2\20210913_114510.jpg
−0.713	2.304	0.07	−0.02	E:\cam2\20210913_115026.jpg
0.225	1.078	0.07	−0.03	E:\cam2\20210913_115541.jpg
−0.008	1.846	0.08	−0.04	E:\cam2\20210913_120057.jpg
0.341	1.137	0.08	−0.05	E:\cam2\20210913_122045.jpg
0.868	1.398	0.09	−0.06	E:\cam2\20210913_123000.jpg
1.248	1.069	0.08	−0.06	E:\cam2\20210913_124032.jpg

续表

水平移动量 D_s/mm	高度变化量 D_h/mm	水平方向变形速率 v_s/(cm/d)	垂直方向变形速率 v_h/(cm/d)	序列影像文件
0.730	1.252	0.08	−0.07	E:\cam2\20210913_125505.jpg
1.688	1.487	0.08	−0.07	E:\cam2\20210913_130021.jpg
1.274	0.663	0.07	−0.08	E:\cam2\20210913_130537.jpg
1.744	1.419	0.06	−0.08	E:\cam2\20210913_131052.jpg
0.575	2.012	0.06	−0.09	E:\cam2\20210913_132525.jpg
1.829	0.578	0.06	−0.09	E:\cam2\20210913_133041.jpg
1.020	0.789	0.06	−0.10	E:\cam2\20210913_133556.jpg
0.821	0.044	0.07	−0.10	E:\cam2\20210913_134512.jpg
1.262	0.671	0.07	−0.11	E:\cam2\20210913_140502.jpg
1.641	0.020	0.08	−0.11	E:\cam2\20210913_142051.jpg
2.065	0.297	0.09	−0.12	E:\cam2\20210913_143007.jpg
1.488	−0.265	0.11	−0.13	E:\cam2\20210913_143522.jpg
2.471	0.052	0.12	−0.14	E:\cam2\20210913_144555.jpg
1.580	−0.081	0.13	−0.15	E:\cam2\20210913_145511.jpg
2.172	−1.018	0.14	−0.16	E:\cam2\20210913_150544.jpg
2.834	−0.871	0.14	−0.17	E:\cam2\20210913_151059.jpg
2.229	−0.557	0.15	−0.17	E:\cam2\20210913_152531.jpg
3.557	−1.534	0.15	−0.18	E:\cam2\20210913_153047.jpg
2.808	−1.866	0.15	−0.18	E:\cam2\20210913_154003.jpg
2.908	−1.450	0.15	−0.18	E:\cam2\20210913_154521.jpg
3.627	−1.222	0.15	−0.18	E:\cam2\20210913_155037.jpg
3.327	−1.545	0.15	−0.17	E:\cam2\20210913_155553.jpg
4.233	−2.500	0.15	−0.17	E:\cam2\20210913_160509.jpg
3.870	−3.483	0.15	−0.16	E:\cam2\20210913_161541.jpg
4.077	−2.525	0.15	−0.16	E:\cam2\20210913_163013.jpg
3.760	−3.082	0.16	−0.15	E:\cam2\20210913_163529.jpg
3.963	−3.844	0.16	−0.14	E:\cam2\20210913_164045.jpg
4.420	−3.097	0.16	−0.14	E:\cam2\20210913_165519.jpg
5.048	−2.154	0.17	−0.14	E:\cam2\20210913_170034.jpg

续表

水平移动量 D_s/mm	高度变化量 D_h/mm	水平方向变形速率 v_s/(cm/d)	垂直方向变形速率 v_h/(cm/d)	序列影像文件
5.512	−3.330	0.18	−0.14	E:\cam2\20210913_170552.jpg
5.396	−3.817	0.19	−0.14	E:\cam2\20210913_171509.jpg
5.167	−4.280	0.22	−0.15	E:\cam2\20210913_173057.jpg
5.792	−4.707	0.26	−0.17	E:\cam2\20210913_174013.jpg
6.169	−4.544	0.30	−0.19	E:\cam2\20210913_175045.jpg
5.754	−4.024	0.35	−0.21	E:\cam2\20210913_180002.jpg
6.177	−4.897	0.40	−0.23	E:\cam2\20210913_180518.jpg
6.112	−4.442	0.44	−0.25	E:\cam2\20210913_181034.jpg
6.305	−4.701	0.47	−0.26	E:\cam2\20210913_181551.jpg
6.353	−4.886	0.48	−0.28	E:\cam2\20210913_182507.jpg
6.932	−4.869	0.47	−0.28	E:\cam2\20210913_183023.jpg
6.561	−5.025	0.45	−0.28	E:\cam2\20210913_185013.jpg
16.068	−8.025	0.41	−0.26	E:\cam2\20210913_185530.jpg
13.911	−8.480	0.36	−0.25	E:\cam2\20210914_103558.jpg
14.043	−8.254	0.30	−0.22	E:\cam2\20210914_104513.jpg
14.450	−10.484	0.24	−0.20	E:\cam2\20210914_105028.jpg
13.931	−9.712	0.19	−0.17	E:\cam2\20210914_112048.jpg
14.187	−8.643	0.14	−0.15	E:\cam2\20210914_114033.jpg
13.053	−9.650	0.11	−0.13	E:\cam2\20210914_115504.jpg
13.123	−9.130	0.08	−0.12	E:\cam2\20210914_121051.jpg
15.233	−9.941	0.07	−0.12	E:\cam2\20210914_123554.jpg
14.172	−10.868	0.07	−0.11	E:\cam2\20210914_130056.jpg
13.492	−11.085	0.07	−0.12	E:\cam2\20210914_132042.jpg
14.556	−11.890	0.08	−0.12	E:\cam2\20210914_134030.jpg
14.470	−12.051	0.09	−0.12	E:\cam2\20210914_140017.jpg
14.639	−12.221	0.10	−0.12	E:\cam2\20210914_141050.jpg
15.196	−12.710	0.11	−0.13	E:\cam2\20210914_143036.jpg
14.863	−12.142	0.12	−0.13	E:\cam2\20210914_145539.jpg
15.778	−12.619	0.13	−0.13	E:\cam2\20210914_150054.jpg

续表

水平移动量 D_s/mm	高度变化量 D_h/mm	水平方向变形速率 v_s/(cm/d)	垂直方向变形速率 v_h/(cm/d)	序列影像文件
15.655	−12.763	0.13	−0.12	E:\cam2\20210914_154500.jpg
16.358	−13.330	0.13	−0.12	E:\cam2\20210914_155016.jpg
16.318	−13.610	0.13	−0.12	E:\cam2\20210914_155532.jpg
16.153	−13.230	0.12	−0.12	E:\cam2\20210914_161002.jpg
16.586	−13.363	0.12	−0.12	E:\cam2\20210914_161519.jpg
16.115	−13.372	0.13	−0.13	E:\cam2\20210914_162036.jpg
16.542	−13.331	0.14	−0.14	E:\cam2\20210914_165058.jpg
16.315	−13.552	0.16	−0.15	E:\cam2\20210914_170529.jpg
17.223	−13.760	0.18	−0.16	E:\cam2\20210914_171044.jpg
16.441	−13.930	0.20	−0.18	E:\cam2\20210914_172000.jpg
16.799	−14.146	0.22	−0.19	E:\cam2\20210914_174505.jpg
17.170	−15.030	0.24	−0.20	E:\cam2\20210914_181529.jpg
16.003	−15.143	0.26	−0.21	E:\cam2\20210914_182044.jpg
17.551	−14.802	0.27	−0.22	E:\cam2\20210914_184034.jpg
23.697	−17.624	0.27	−0.22	E:\cam2\20210914_185505.jpg
22.483	−18.444	0.26	−0.22	E:\cam2\20210915_154632.jpg
22.606	−18.396	0.25	−0.22	E:\cam2\20210915_160505.jpg
22.902	−19.464	0.23	−0.20	E:\cam2\20210915_161021.jpg
22.576	−18.365	0.20	−0.19	E:\cam2\20210915_161538.jpg
22.122	−18.656	0.17	−0.17	E:\cam2\20210915_162054.jpg
22.367	−18.076	0.14	−0.16	E:\cam2\20210915_163010.jpg
22.193	−18.074	0.12	−0.14	E:\cam2\20210915_163526.jpg
21.767	−18.741	0.11	−0.14	E:\cam2\20210915_164043.jpg
21.587	−18.704	0.11	−0.13	E:\cam2\20210915_164557.jpg
22.742	−18.585	0.12	−0.13	E:\cam2\20210915_171501.jpg
22.839	−19.369	0.13	−0.14	E:\cam2\20210915_172018.jpg
23.503	−18.294	0.14	−0.14	E:\cam2\20210915_172533.jpg
22.370	−20.609	0.16	−0.14	E:\cam2\20210915_173048.jpg
22.049	−19.991	0.17	−0.15	E:\cam2\20210915_174003.jpg

续表

水平移动量 D_s/mm	高度变化量 D_h/mm	水平方向变形速率 v_s/(cm/d)	垂直方向变形速率 v_h/(cm/d)	序列影像文件
23.463	−19.459	0.19	−0.16	E:\cam2\20210915_174519.jpg
23.373	−19.484	0.20	−0.17	E:\cam2\20210915_175034.jpg
24.129	−20.028	0.22	−0.18	E:\cam2\20210915_175550.jpg
23.732	−20.392	0.23	−0.19	E:\cam2\20210915_180506.jpg
23.962	−20.282	0.25	−0.20	E:\cam2\20210915_181021.jpg
24.593	−17.993	0.25	−0.21	E:\cam2\20210915_181537.jpg
23.840	−20.879	0.26	−0.21	E:\cam2\20210915_182052.jpg
24.371	−21.663	0.25	−0.20	E:\cam2\20210915_183007.jpg
24.677	−21.863	0.24	−0.19	E:\cam2\20210915_183523.jpg
24.197	−20.989	0.22	−0.17	E:\cam2\20210915_184038.jpg
24.838	−22.275	0.19	−0.15	E:\cam2\20210915_185023.jpg
29.844	−22.323	0.17	−0.13	E:\cam2\20210915_185539.jpg
27.602	−23.391	0.15	−0.11	E:\cam2\20210916_085551.jpg
28.378	−22.146	0.14	−0.09	E:\cam2\20210916_091541.jpg
26.535	−21.771	0.13	−0.08	E:\cam2\20210916_092057.jpg
26.872	−22.844	0.13	−0.07	E:\cam2\20210916_094047.jpg
25.806	−22.588	0.14	−0.07	E:\cam2\20210916_095005.jpg
25.987	−22.559	0.14	−0.06	E:\cam2\20210916_095521.jpg
27.173	−22.682	0.14	−0.06	E:\cam2\20210916_100555.jpg
26.604	−24.351	0.13	−0.06	E:\cam2\20210916_101510.jpg
27.188	−22.206	0.12	−0.06	E:\cam2\20210916_102026.jpg
29.310	−21.578	0.09	−0.06	E:\cam2\20210916_102542.jpg
30.775	−24.172	0.06	−0.05	E:\cam2\20210916_122058.jpg
29.831	−23.825	0.03	−0.05	E:\cam2\20210916_123014.jpg
29.113	−22.755	0.00	−0.05	E:\cam2\20210916_123531.jpg
28.270	−22.819	−0.03	−0.04	E:\cam2\20210916_125003.jpg
28.309	−22.412	−0.05	−0.02	E:\cam2\20210916_125520.jpg
28.251	−24.106	−0.07	0.00	E:\cam2\20210916_130035.jpg
28.040	−24.417	−0.08	0.02	E:\cam2\20210916_130552.jpg
27.448	−23.644	−0.09	0.06	E:\cam2\20210916_131508.jpg
27.919	−22.616	−0.09	0.09	E:\cam2\20210916_132538.jpg

续表

水平移动量 D_s/mm	高度变化量 D_h/mm	水平方向变形速率 v_s/(cm/d)	垂直方向变形速率 v_h/(cm/d)	序列影像文件
27.913	−24.768	−0.09	0.13	E:\cam2\20210916_133054.jpg
28.031	−23.406	−0.10	0.16	E:\cam2\20210916_134010.jpg
28.487	−23.546	−0.10	0.19	E:\cam2\20210916_134525.jpg
28.556	−23.002	−0.10	0.21	E:\cam2\20210916_135041.jpg
27.099	−23.095	−0.11	0.22	E:\cam2\20210916_135556.jpg
27.151	−21.808	−0.11	0.22	E:\cam2\20210916_140512.jpg
26.567	−22.026	−0.11	0.21	E:\cam2\20210916_141027.jpg
26.936	−21.121	−0.10	0.19	E:\cam2\20210916_141543.jpg
27.845	−20.923	−0.10	0.17	E:\cam2\20210916_142058.jpg
27.043	−21.354	−0.09	0.14	E:\cam2\20210916_143013.jpg
26.950	−20.869	−0.08	0.10	E:\cam2\20210916_143531.jpg
26.494	−20.940	−0.07	0.07	E:\cam2\20210916_144046.jpg
27.065	−20.453	−0.06	0.04	E:\cam2\20210916_145001.jpg
26.460	−20.781	−0.04	0.01	E:\cam2\20210916_145518.jpg

视频影像形变监测受到很多噪声影响,其中昼夜温度的交替变化和外界震动,如风吹、车辆经过等造成的震动是主要噪声来源。图4-36和图4-37分别显示了白天和夜间的噪声干扰程度。这些噪声需要经过后台算法的分析过滤,后台软件的实时监测界面如图4-38所示。

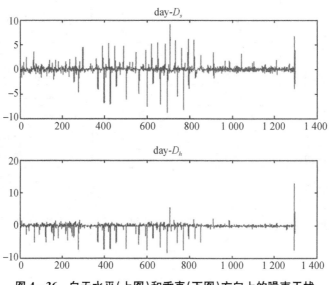

图4-36 白天水平(上图)和垂直(下图)方向上的噪声干扰

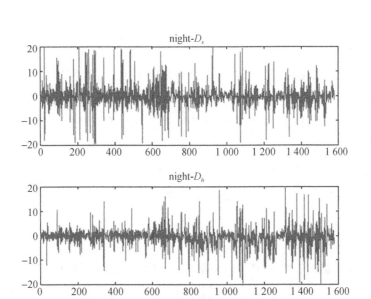

图 4 - 37　夜间水平(上图)和垂直(下图)方向上的噪声干扰

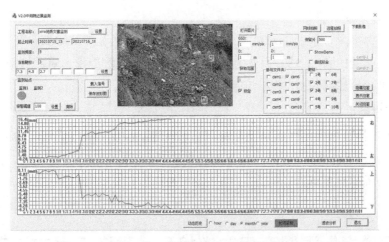

图 4 - 38　地质形变实时监测曲线

通过监测发现，在 2021 年 9 月 13 日—9 月 16 日这 4 天水平方向移动 27.0 mm，垂直方向下滑 20.7 mm，在 9 月 13 日 18 时达到了水平移动的最大速率 0.47 cm/d，垂直下滑的最大速率 0.26 cm/d。该滑坡点下方有住户居住，当地政府积极视察该滑坡点的情况（图 4 - 39），并进行了后续的滑坡治理工作。

图 4 - 39　地质专家在滑坡现场核查

7. 滑坡治理

经过分析得知边坡变形的原因是下雨导致边坡的侵蚀程度增加。边坡植被覆盖率低,降雨时边坡受到雨水的浸泡,边坡空隙水压力增加,降低了边坡的抗剪强度。降雨导致边坡的裂隙因渗水而扩大,并且裂缝逐步向边坡深层发展,这样就使边坡深处受到风化,从而降低了边坡的稳定性。

对于边坡滑坡的治理,如果通过植树造林,则需要一定的时间才会起到治理作用,而采用工程措施,那么在短时间内就会起到治理作用。工程措施主要从以下几个方面实现:

(1)坡脚加载或削坡减重

边坡发生滑坡现象主要是由于边坡的稳定性遭到破坏,受到重力的影响而发生的。在边坡底下加载在一定程度上能够增加边坡的抗滑力,削坡减重则能够减少边坡的重心高度。因此坡脚加载或削坡减重对边坡滑坡能够起到治理作用。

(2)防渗排水

根据统计,80%～90%的边坡发生滑坡与边坡的排水有关。边坡存在裂缝,在水的渗透影响下,裂缝的大小增加,边坡的稳定性降低。因此,防渗排水对边坡滑坡防治极其重要,对边坡滑坡能够起到治理作用。

(3)抗滑桩

抗滑桩是指通过桩孔将混凝土灌注到边坡内部,能够大幅度增加边坡的抗滑力,边坡滑动受到抗滑桩的阻抗,从而可以增加边坡的稳定性。抗滑桩有强度高、对边坡的破坏少、建造成本低等优势,在边坡滑坡的治理中应用广泛。

4.4 近景摄影测量在电力巡检三维建模工程中的应用

1. 视频电力巡检的限制及存在的问题

电力巡航无人机能够很好地代替人力进行输电线路的巡检工作。随着我国能源需求量的不断提升,未来我国输电线路的长度将会进一步增加,电力巡航无人机具有庞大的需求市场,发展前景可观。

但是,无人机常规搭载摄像机巡检,工作人员通过动态的视频查看输电导线及其周边情况的这种检查方式基本上局限在目视判读,工作量大、可量测性差。为了提高巡检数据的利用率以及电塔和输电导线周边的可量测性,需要在现有数据和技术的基础上研究出新方法,达到单次飞行的数据实现多个应用的目的。本书旨在针对无人机搭载摄像机巡检获取的视频数据,通过特有的技术方法,将传统的视频巡检方式提升到可量测巡检,达到对监测对象的定性定量分析。

2. 本项目将研究解决的问题

1)以视频为基础数据的输电线通道周边场景的三维建模

对采集的视频数据进行一定重叠度的帧提取和地理坐标赋值,利用相邻影像的影像匹配和空中三角测量技术,实现输电线通道地面的三维建模。

2)基于视频数据的可量测算法研究

利用空中三角测量成果,研究出双片量测输电线特征点坐标的量测,如分割棒等,然后实现输电线通道三维环境、导线弧垂形态的三维重建,并用于安全距离分析,验证快巡视频用于通道安全距离分析的可行性。

3. 近景摄影测量三维建模的技术路线

1)工作流程图

电力巡检中摄影测量的总体工作流程见图4-40。

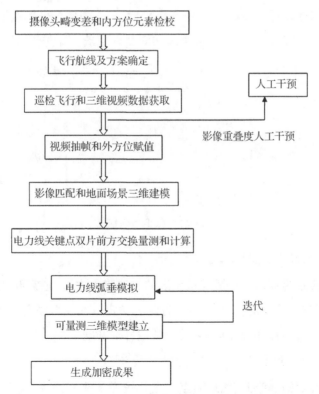

图4-40 电力巡检中摄影测量的总体工作流程图

2）高精度相机检校

对摄像头的光学镜头做畸变差检校和内方位元素标定（图4-41）。

图4-41 标定检校场

摄像机周边的图像畸变一般来说比较大，要利用视频建立可量测三维模型，必须进行严格的相机检校。相机检校公式如下：

$$
\begin{cases}
\Delta x = (x-x_0)(k_1 r^2 + k_2 r^4 + \cdots) + p_1 [r^2 + 2(x-x_0)^2] + \\
\qquad 2p_2(x-x_0)(y-y_0) + \alpha(x-x_0) + \beta(y-y_0) \\
\Delta y = (y-y_0)(k_1 r^2 + k_2 r^4 + \cdots) + p_2 [r^2 + 2(y-y_0)^2] + \\
\qquad 2p_1(x-x_0)(y-y_0) + \alpha(y-y_0) + \beta(x-x_0)
\end{cases}
\tag{4-6}
$$

其中，Δx，Δy 为像点改正值；x_0，y_0 为像主点坐标；x，y 为像方坐标系下的像点坐标；k_1，k_2 为镜头的径向畸变系数；p_1，p_2 为镜头的切向畸变系数；α 和 β 分别表示像素在 x 和 y 方向的非正方形比例系数；$r = \sqrt{(x-x_0)^2 + (y-y_0)^2}$。坐标系如图4-42所示。

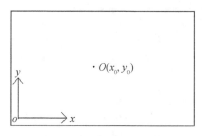

图4-42 像平面坐标系

3）视频数据及相关数据获取

无人机除了按照常规电力杆塔巡检设定的轨迹飞行之外，还需要从电力线上方按照竖直向下的方向飞行，飞行的高度视项目的要求来定。在获取视频数据的同时，需要等间隔获取一些照片并给经纬度打标，为后续处理打下基础。

4）地面场景三维模型建立及空中三角测量

以投影中心点、像点和相应的地面点三点共线为条件，以单张像片为解算单元，借助像片之间的公共点和野外控制点,把各张像片的光束连成一个区域进行整体平差,解算出地面的未知点坐标(图4-43)。

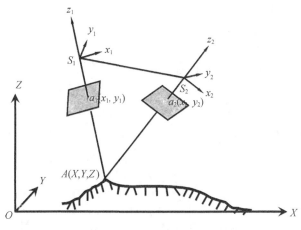

图4-43　空中三角测量原理图

5) 三维电力线重建

电力线补点是根据电力线上少量的点特征,通过正交多项式拟合算法,使用多项式拟合出电力线在真实状态下的方程。给定一系列点 $\{(x_k, y_k)\}_{k=0}^{n-1}$,线拟合的目标就是计算一个 d 次多项式:

$$y = \sum_{i=0}^{d} c_i x_i \tag{4-7}$$

一般的最小二乘算法是调整系数 c_i,使得均方根误差最小,即

$$E(c_i, \cdots, c_d) = 2\sum_{k=0}^{n} \left(\sum_{i=0}^{d} c_i x_k^i - y_k\right)^2 \tag{4-8}$$

然而电力线的状态往往由于风力、自身重力等影响,呈现出左右摇摆、上下起伏,通过一般的最小二乘法拟合得到的曲线误差大。本项目提出使用正交多项式拟合算法解决上述困难。正交多项式拟合即通过使用多个不同阶次的多项式组合,达到三维空间曲线拟合的目的。

在正交多项式拟合算法中,一条三维空间的任意曲线被表达成如下形式:

$$y = \sum_{i=0}^{d} c_i p_i(x_k^i) \tag{4-9}$$

相应地,误差方程的最优化目标函数如下:

$$E(c_i, \cdots, c_d) = \sum_{k=0}^{n} \left[\sum_{i=0}^{d} c_i p_i(x_k^i) - y_k\right]^2 \tag{4-10}$$

通过计算偏导数,并使其为0,得到下式:

$$0 = \frac{\partial E}{\partial c_j} = 2\sum_{k=0}^{n-1}\left[\sum_{i=0}^{d} c_i p_i(x_k) - y_k\right]p_j(x_k) \tag{4-11}$$

对于 0 到 d 阶次,上面的方程被简化为

$$\sum_{i=0}^{d}\left[\sum_{k=0}^{n-1} p_i(x_k)p_j(x_k)\right]c_i = \sum_{k=0}^{n-1} p_j(x_k)y_k \tag{4-12}$$

在以下公式所表达的正交情况下:

$$\sum_{k=0}^{n-1} p_i(x_k)p_j(x_k) = 0, i \neq j \tag{4-13}$$

多项式集合的求解被简化为下式:

$$c_i = \frac{\displaystyle\sum_{k=0}^{n-1} p_i(x_k)y_k}{\displaystyle\sum_{k=0}^{n-1} p_i^2(x_k)} \tag{4-14}$$

正交多项式的生成是一种数据驱动的方法,正交多项式根据数据的不同而不同。生成正交多项式的方法如下:

第一步,选择 0 阶多项式。可表示为

$$p_0(x) = 1 \tag{4-15}$$

第二步,选择更高阶多项式。如一阶多项式

$$p_1(x) = x - a_1, a_1 = \frac{1}{n}\sum_{k=0}^{n-1} x_k \tag{4-16}$$

第三步,确认多项式之间的正交性,公式如下:

$$\sum_{k=0}^{n-1} p_0(x_k)p_1(x_k) = \sum_{k=0}^{n-1}(x_k - a_1) = \left(\sum_{k=0}^{n-1} x_k\right) - na_1 = na_1 - na_1 = 0 \tag{4-17}$$

第四步,根据二阶递推关系生成其余多项式,如下所示

$$p_{m+1}(x) = (x - a_{m+1})p_m(x) - b_m p_{m-1}(x), m \geqslant 1$$

$$a_{m+1} = \frac{\displaystyle\sum_{k=0}^{n-1} x_k p_m^2(x_k)}{\displaystyle\sum_{k=0}^{n-1} p_m^2(x_k)}, b_m = \frac{\displaystyle\sum_{k=0}^{n-1} p_m^2(x_k)}{\displaystyle\sum_{k=0}^{n-1} p_{m-1}^2(x_k)} \tag{4-18}$$

4. 本项目的关键技术

1) 视频数据的几何定位

由于视频自身不带定位功能,在电力巡检时需要对相机拍照系统进行改造,在录制视频的同时记录等间隔的照片,在照片上打标记录此刻的经纬度信息。这样可以在完成飞行后通过飞行航迹对视频数据的帧影像实现拟合赋值,该拟合值的精度取决于无人机

搭载 GPS 本身的定位精度和打标照片的频率以及拟合方法,这些影像是绝对定位精度,对三维量测相对尺寸精度影响不大。

2）视频数据空中三角测量平差

一般的空中三角测量针对的是航拍影像,对这些影像的拍照间隔和姿态都有严格的规定和限制。但对于无人机搭载的视频数据来说,尤其电力巡检时的飞行轨迹很难满足普通的航空三角测量的飞行标准。鉴于视频的帧率较高,可通过自由选取帧影像重叠度满足摄影测量影像匹配和解算的影像,并且根据飞行速度自适应控制固定重叠度的影像抽取。

3）视频双片三维信息量测

完成空中三角计算的帧影像的每张照片都具有位置和姿态信息,通过摄影测量前方交会可计算出量测位置的三维坐标,包括输电设施各部件尺寸及输电线通道周边环境尺寸的量测。

5. 本项目的创新点

普通视频数据和摄影测量有机结合,突破了常规无人机巡检使用视频数据目视定性分析,本项目将摄影测量技术的可量测性技术运用到巡检之中,使原有的大量人力判读和定性分析上升到在三维可视化模型上快速定位和定性定量分析,极大地节省了劳动力和提高了效率。

6. 视频三维建模外业工作开展

1）测区概况

测区选择在湖南省衡东县大浦镇大岭村雁古线 09 号杆塔至 37 号杆塔线路,线路以平原为主,09 号杆塔至 37 号杆塔之间最大高差约为 22 m,附近主要以村庄为主,无高大建筑,地面平均海拔 80 m 左右(图 4-44)。

图 4-44　测区概况展示

2）作业设备

（1）无人机设备

无人机设备采用大疆精灵 4RTK（图 4 - 45），其主要优点是设备轻巧，方便携带操作，同时具有较长的作业航时，可提高工作效率。该款无人机的具体性能指标见表 4 - 9。

图 4 - 45 大疆精灵 4RTK 无人机

表 4 - 9 大疆精灵 4RTK 无人机参数表

飞行器	
最大起飞重量	1 391 g
动力系统	电动
最大可倾斜角度	25°（定位模式），35°（姿态模式）
最大上升速度（巡航）	6 m/s（自动飞行），5 m/s（手动操控）
最大下降速度（巡航）	3 m/s
巡航速度	50 km/h（定位模式），58 km/h（姿态模式）
最大海拔升限	6 000 m
最大抗风能力	15 m/s，7 级
工作环境温度	0～40 ℃
最大航时	30 min
相机	
影像传感器	1 英寸 CMOS，有效像素 2 000 万（总像素 2 048 万）
录像分辨率	H.264,4K：3 840×2 160，30 p
照片最大分辨率	4 864×3 648（4∶3）
GNSS	
使用频点	GPS：L1/L2；GLONASS：L1/L2；BeiDou：B1/B2；Galileo：E1/E5
定位精度	垂直 1.5 cm＋1 ppm（RMS），水平 1 cm＋1 ppm（RMS）
云台	
稳定系统	3-轴（俯仰、横滚、偏航）
可控转动范围	俯仰：－90°～＋30°
最大控制转速	俯仰：90°/s
角度抖动量	±0.02°

（2）飞行方案

本次项目测试飞行采用了两种飞行方式。第一种方式是无人机在杆塔正上方飞行，飞行一个来回；第二种方式是在杆塔上方飞两次，航线重叠 60%，去回一个来回，两条航线相距 30 m。同时每隔 5 s 拍摄一张照片用于对视频帧数据赋经纬度，经纬度打标信息见表 4 - 10。

表4-10 等间隔照片经纬度打标

| 拍照点经纬度 | | 距离起始点距离/m | 航高/m | 飞行速度/(m·s⁻¹) | 飞行姿态 | | | 相机姿态 | |
经度/°	纬度/°				俯仰角/°	横滚角/°	旋偏角/°	俯仰角/°	旋偏角/°
112.849 612	27.015 742	470.13	68.81	0.00	0.1°	−7.4°	35.8°	−89.9°	35.6°
112.849 611	27.015 742	470.11	68.81	0.00	−1.9°	−7.7°	36.0°	−90.0°	35.6°
112.849 616	27.015 748	469.36	68.79	1.53	−15.2°	−6.7°	36.7°	−90.0°	35.6°
112.849 631	27.015 77	466.50	68.80	3.66	−15.9°	−6.3°	36.7°	−90.0°	35.5°
112.849 659	27.015 804	461.80	68.75	5.22	−12.5°	−8.4°	36.9°	−89.9°	35.5°
112.849 693	27.015 847	455.92	68.74	6.02	−12.4°	−9.2°	36.9°	−90.0°	35.4°
112.849 732	27.015 895	449.25	68.75	6.74	−13.3°	−8.7°	37.0°	−90.0°	35.4°
112.849 775	27.015 949	441.83	68.80	7.66	−17.5°	−8.9°	37.3°	−90.0°	35.3°
112.849 824	27.016 01	433.39	68.84	8.46	−14.4°	−11.9°	37.7°	−90.0°	35.3°
112.849 873	27.016 076	424.51	68.85	8.66	−11.4°	−14.1°	37.2°	−90.0°	35.2°
112.849 916	27.016 145	415.68	68.82	8.59	−11.3°	−13.4°	37.1°	−90.0°	35.1°
112.849 953	27.016 215	407.01	68.82	8.50	−19.6°	−9.3°	37.3°	−90.0°	35.0°
112.849 995	27.016 29	397.75	68.81	9.66	−18.2°	−8.4°	37.4°	−89.9°	35.0°
112.850 046	27.016 37	387.67	68.82	10.26	−17.5°	−9.8°	37.6°	−90.0°	35.0°
112.850 100	27.016 453	377.17	68.79	10.62	−16.7°	−11.1°	37.7°	−89.9°	34.9°
112.850 155	27.016 539	366.35	68.76	10.88	−16.5°	−11.0°	37.6°	−90.0°	34.9°
112.850 210	27.016 627	355.07	68.77	11.10	−14.9°	−11.1°	37.3°	−90.0°	34.9°
112.850 264	27.016 716	343.62	68.81	11.05	−15.7°	−8.6°	37.2°	−90.0°	34.8°
112.850 318	27.016 806	332.19	68.78	11.01	−16.4°	−10.4°	37.6°	−90.0°	34.8°

续表

拍照点经纬度		距离起始点距离/m	航高/m	飞行速度/(m·s⁻¹)	飞行姿态			相机姿态	
经度/°	纬度/°				俯仰角/°	横滚角/°	旋偏角/°	俯仰角/°	旋偏角/°
112.850 372	27.016 895	320.88	68.80	10.91	−14.6°	−11.5°	37.3°	−90.0°	34.8°
112.850 423	27.016 986	309.72	68.81	11.09	−15.9°	−10.6°	37.3°	−90.0°	34.8°
112.850 476	27.017 076	298.54	68.78	11.18	−15.7°	−10.9°	37.4°	−90.0°	34.7°
112.850 528	27.017 167	287.29	68.78	11.14	−13.2°	−13.6°	37.4°	−90.0°	34.7°
112.850 576	27.017 259	276.14	68.78	10.93	−13.2°	−13.1°	37.5°	−90.0°	34.7°
112.850 619	27.017 349	265.14	68.76	10.45	−10.3°	−12.5°	37.0°	−90.0°	34.7°
112.850 658	27.017 437	254.37	68.77	10.32	−14.7°	−10.2°	37.4°	−90.0°	34.7°
112.850 697	27.017 526	244.05	68.77	10.51	−14.2°	−7.3°	37.1°	−90.0°	34.7°
112.850 739	27.017 616	233.52	68.82	10.61	−16.4°	−4.0°	36.0°	−90.0°	34.8°
112.850 788	27.017 705	222.25	68.84	10.96	−17.6°	−0.8°	36.4°	−89.9°	35.0°
112.850 846	27.017 796	210.48	68.81	11.58	−17.6°	−3.9°	37.0°	−90.0°	35.2°
112.850 911	27.017 886	198.55	68.75	11.70	−17.4°	−7.6°	37.1°	−90.0°	35.2°
112.851 175	27.017 977	151.76	68.72	10.42	−11.1°	−17.7°	37.8°	−90.0°	35.0°
112.851 219	27.018 154	141.63	68.75	9.90	−11.9°	−16.8°	37.6°	−90.0°	34.9°
112.851 256	27.018 405	131.77	68.78	9.49	−12.5°	−13.8°	37.6°	−90.0°	34.8°
112.851 290	27.018 486	122.13	68.79	9.53	−15.1°	−12.7°	37.7°	−90.0°	34.7°
112.851 327	27.018 568	112.48	68.80	9.68	−16.1°	−11.1°	37.5°	−89.9°	34.7°
112.849 612	27.015 742	470.13	68.81	0.00	0.1°	−7.4°	35.8°	−89.9°	35.6°
112.849 611	27.015 742	470.11	68.81	0.00	−1.9°	−7.7°	36.0°	−90.0°	35.6°

通过多项式模拟获取的抽帧影像的经纬度坐标如表 4 - 11 所示,拟合航迹如图 4 - 46 所示。

表 4 - 11 抽帧影像的拟合值

序号	影像文件	拟合经度/°	拟合纬度/°	拟合高度/m
1	20210922_100000.jpg	112.849 825	27.015 786	68.230
2	20210922_100001.jpg	112.849 825	27.015 786	68.230
3	20210922_100002.jpg	112.849 825	27.015 786	68.230
4	20210922_100003.jpg	112.849 83	27.015 792	68.220
5	20210922_100004.jpg	112.849 835	27.015 798	68.210
6	20210922_100005.jpg	112.849 848	27.015 815	68.210
7	20210922_100006.jpg	112.849 861	27.015 832	68.210
8	20210922_100007.jpg	112.849 881	27.015 858 5	68.225
9	20210922_100008.jpg	112.849 901	27.015 885	68.240
10	20210922_100009.jpg	112.849 926 5	27.015 917 5	68.240
11	20210922_100010.jpg	112.849 952	27.015 95	68.240
12	20210922_100011.jpg	112.849 980 5	27.015 986 5	68.245
13	20210922_100012.jpg	112.850 009	27.016 023	68.250
14	20210922_100013.jpg	112.850 039 5	27.016 062	68.270
15	20210922_100014.jpg	112.850 07	27.016 101	68.290
16	20210922_100015.jpg	112.850 1	27.016 14	68.300
17	20210922_100016.jpg	112.850 13	27.016 179	68.310
18	20210922_100017.jpg	112.850 158 5	27.016 217	68.310
19	20210922_100018.jpg	112.850 187	27.016 255	68.310
20	20210922_100019.jpg	112.850 214 5	27.016 294	68.315
21	20210922_100020.jpg	112.850 242	27.016 333	68.320
22	20210922_100021.jpg	112.850 268 5	27.016 370 5	68.295
23	20210922_100022.jpg	112.850 295	27.016 408	68.270
24	20210922_100023.jpg	112.850 319 5	27.016 445 5	68.245
25	20210922_100024.jpg	112.850 344	27.016 483	68.220
26	20210922_100025.jpg	112.850 365 5	27.016 521	68.210

续表

序号	影像文件	拟合经度/°	拟合纬度/°	拟合高度/m
27	20210922_100026.jpg	112.850 387	27.016 559	68.200
28	20210922_100027.jpg	112.850 407	27.016 597	68.185
29	20210922_100028.jpg	112.850 427	27.016 635	68.170
30	20210922_100029.jpg	112.850 449 5	27.016 673 5	68.170
31	20210922_100030.jpg	112.850 472	27.016 712	68.170
32	20210922_100031.jpg	112.850 497	27.016 751 5	68.170
33	20210922_100032.jpg	112.850 522	27.016 791	68.170
34	20210922_100033.jpg	112.850 548	27.016 831 5	68.190
35	20210922_100034.jpg	112.850 574	27.016 872	68.210
36	20210922_100035.jpg	112.850 602	27.016 914	68.210
37	20210922_100036.jpg	112.850 63	27.016 956	68.210
38	20210922_100037.jpg	112.850 658 5	27.016 998 5	68.210
...	...	...	...	...
...	...	...	...	...
...	...	...	...	...
272	20210922_100272.jpg	112.849 422	27.015 849	68.350
273	20210922_100273.jpg	112.849 421	27.015 846 5	68.355
274	20210922_100274.jpg	112.849 42	27.015 844	68.360
275	20210922_100275.jpg	112.849 420 5	27.015 844 5	68.295
276	20210922_100276.jpg	112.849 421	27.015 845	68.230
277	20210922_100277.jpg	112.849 421	27.015 845	68.205
278	20210922_100278.jpg	112.849 421	27.015 845	68.180
279	20210922_100279.jpg	112.849 421	27.015 844 5	68.185
280	20210922_100280.jpg	112.849 421	27.015 844	68.190
281	20210922_100281.jpg	112.849 420 5	27.015 843	68.210
282	20210922_100282.jpg	112.849 42	27.015 842	68.230
283	20210922_100283.jpg	112.849 42	27.015 842 5	68.250

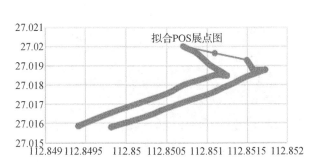

图 4‑46 电力巡线拟合 POS 图

（3）外业数据采集

现场作业情况如图 4‑47 所示。

图 4‑47 现场作业情况展示

7. 视频三维建模内业工作开展

1）地面场景三维建模

（1）视频三维建模

采用视频抽帧和位置模拟得到影像数据和近似地理坐标,然后进行三维建模,建模效果如图 4‑48 和图 4‑49 所示。

图 4‑48 输电廊道地面及地物三维建模效果

图 4 - 49　输电廊道植被三维建模效果

（2）电力线特征点测量和模拟

① 在视频序列图像上，电力线上的间隔棒是比较明显和容易识别的，所以可以把间隔棒作为特征点进行三维坐标采集。三维坐标的采集采用双片量测模式，采集软件的界面如图 4 - 50 所示。

图 4 - 50　电力线特征点测量软件界面

② 调入需要量测的像对影像，分别作为左片和右片，如图 4 - 51 所示。

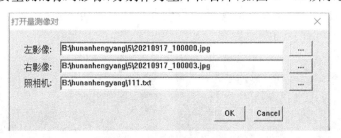

图 4 - 51　调入需要量测的像对

③ 点击"OK"按钮，调入立体像对，进入三维坐标量测状态，如图 4 - 52 所示。

量测时先在左片上选择需要量测的特征点的位置并点击鼠标左键，然后在右片同样特征点的位置点击鼠标左键量测该特征点。两个特征点位置量测完成后，点击鼠标右键，就可以得到该特征点的三维坐标。

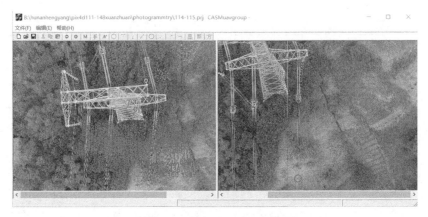

图 4–52　特征点三维坐标量测

（3）电塔及部件三维坐标量测

电塔及部件三维坐标量测的主要目的是通过视频序列影像的双片量测，重建电塔和部件的三维空间模型，然后和电力线三维模型一起构建整个输电线路的三维模型，用于电线弧垂、电塔变形等的监测任务。

（4）数据的保存

将测量得到的电力线特征点、电塔及部件的三维信息通过数据库进行保存，根据量测目标的类型不同分别添加到数据库的相应字段中。目前该数据库保存内容主要由分隔棒三维坐标、塔高、塔宽、电力线挂点和绝缘子三维坐标组成，其中分隔棒的三维坐标测量值见表 4–12。

表 4–12　电力线分隔棒三维坐标测量值

	分隔棒坐标		
	X	Y	Z
第一条电力线	683 584.505	2 990 172.174	102.670
	683 589.073	2 990 158.519	102.608
	683 602.154	2 990 110.411	98.233
	683 618.658	2 990 048.750	96.428
	683 632.407	2 989 997.648	96.231
	683 649.553	2 989 934.180	98.564
	683 663.742	2 989 882.990	102.598
	683 669.164	2 989 863.087	104.332

续表

	分隔棒坐标		
	X	Y	Z
第二条电力线	683 589.855	2 990 175.396	108.318
	683 594.613	2 990 160.751	108.063
	683 607.807	2 990 113.248	103.753
	683 624.294	2 990 051.613	102.093
	683 638.146	2 990 000.498	101.946
	683 655.330	2 989 936.961	104.557
	683 669.347	2 989 886.235	108.680
	683 675.376	2 989 864.044	110.876
第三条电力线	683 597.328	2 990 178.389	102.013
	683 602.247	2 990 161.977	101.534
	683 615.819	2 990 114.923	97.180
	683 632.877	2 990 052.786	95.206
	683 647.223	2 990 001.423	94.906
	683 664.561	2 989 938.050	97.313
	683 678.538	2 989 887.503	100.916
	683 685.739	2 989 861.440	103.584

(5) 电力线模拟和地面三维场景的效果如图 4-53 所示。

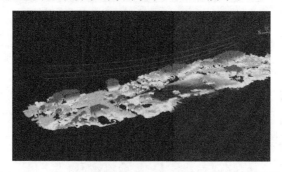

图 4-53　基于视频数据重建后的输电线路三维可视化效果

2) 实时工况净空危险点安全距离分析

在上述建模的基础上,将分类好的电力线点云和地物点云导入软件可自动进行障碍物的检测,如图 4-54 和图 4-55 所示,紫色区域为危险区域。

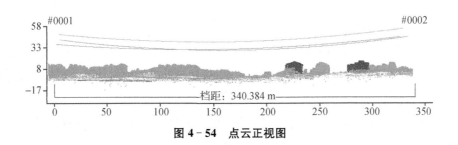

图 4‑54　点云正视图

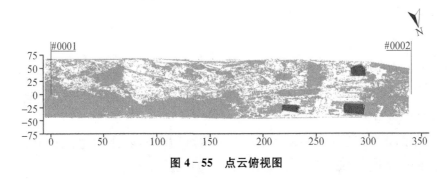

图 4‑55　点云俯视图

8. 实验结果及分析

通过实际项目的内外业工作的实践得出如下结果：

（1）本次实验按照预设的飞行模式，在同时获得输电线通道视频及带有地理坐标的照片的情况下，可实现对输电线通道进行三维模型重建。

（2）采用双片量测方式，可对电塔和部件进行精确的三维坐标采集，通过和正射影像以及外业数据对比，本次三维测量结果和实际值基本一致，利用采集的坐标拟合的弧垂与实际弧垂较为接近。

（3）利用建模形成的点云数据进行了安全距离分析，形成了试验线路段的实时工况净空危险点安全距离分析报告。

（4）从实验的效果来看，完全使用传统电力杆塔巡检的数据快速完成三维建模，从视觉效果来看不理想，存在三维变形，不具备可量测性。而通过重新规划航线和飞行过程中等时间经纬度影像打标模式建立的三维模型具有很好的视觉效果，同时通过关键节点量测和野外实际数据比较，发现采用本项目研发的双片量测方式采集的距离点位和实际相符。

9. 项目研究论证

通过旋翼无人机搭载视频摄像机，在电力巡检的常规作业中，把记录的视频数据通过摄影测量等相关技术进行了拓宽应用研究，达到如下的效果：

（1）三维建模的高效性

外业只需要采集视频信息和一些辅助经纬度打标照片，将视频数据与自研发的近景双片采集软件和相关的地面三维建模软件相结合，快速建立电力杆塔及其通道的三维模型。

（2）可量测性

传统的视频仅可供看一看，达不到可量测的应用程度。而本项目通过摄影测量技术将动态视频数据加工成可量测的数据，用于电力杆塔及其周边附属设施的破损、树木的高度量测等。

（3）便利性和低成本性

本项目是在传统的无人机巡检的基础上，对巡检的视频数据进行深度的应用研究，从飞行成本和路线上来看基本上没有增加成本，从飞行设计和时间成本上来看也没有增加太多额外的负担。

总的来说，本次项目的研究基本上达到了预期效果，为将来的电力巡检提供了必要的方法补充和技术支持服务。在此基础上还可做更进一步的研究。

4.5　近景摄影测量在高层建筑物沉降监测工程中的应用

1. 项目开展的必要性

在地铁施工建设的过程中，任何施工工法和埋深都不可避免地会扰动地下岩体，并使得岩体的自身平衡被打破，进而对地面造成沉降影响，严重时甚至会引起隧道坍塌、地面塌陷。地铁的规划与城市的发展形态有着相互依存的关系，规划地铁建设的路段多是城市的繁华地段，因此地铁的施工建设也或多或少会对其周边的地下既有管道和地面建（构）筑物造成破坏。同时，城市轨道交通网络结构复杂，线路与线路之间的拓扑关系以及因地下轨道交通建设带动周边商业开发而兴建的土木工程，使得地下轨道交通的建设不仅要考虑自身修建的负荷问题，也要考虑对既有道路网络和建筑设施的受力影响。因此，为了保证城市轨道交通建设期间隧道自身和周边环境的安全，需要在施工阶段对其进行变形观测，以便及时发现因地质、地下水、邻近基坑施工以及本身结构等各方面的负荷影响所产生的安全隐患，为降低安全风险的决策提供基础数据和信息支撑。

地铁建设期间，一般是通过人工来对建设区域的围护结构及其影响区域内的周边环境进行监测。以地表沉降监测为例，传统的人工测量方法是测量员通过水准仪进行监测，具有测量精度高的优点，但是工作效率较低。在地铁建设期间，重大风险源例如穿越既有轨道线路、临近建设基坑的建(构)筑物和管线等对监测的要求高,传统的人工监测难以适应地铁建设期间重大风险源区域的自动化与实时监测需求。

2. 基于近景摄影测量的高层建筑物沉降监测项目实施

项目地址选择在广西南宁 5 号线施工期地铁沿线。

1) 试点概况

南宁轨道交通 5 号线工程工期为 58 个月,总投资估算达 164 亿元。2017 年 9 月 7 日全线开工建设,沿壮锦大道、明秀西路、明秀东路、南梧路、昆仑大道依次敷设,整体呈东北至南走向。标志颜色为象征南宁打造水城理念的邕水蓝。

该项目的目的是监测地铁施工对附近建筑物沉降的影响。监测地点示意图见图 4-56,地铁规划图和被监测建筑物位置关系见图 4-57。

图 4-56　监测地点示意图

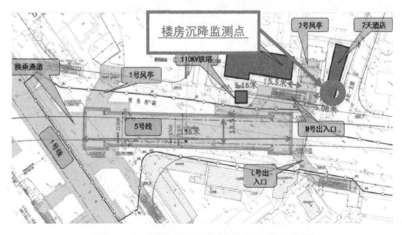

图 4-57　地铁规划图和被监测建筑物位置

2）监测设备和靶标安装

监测设备(图4-58)安装于距离被监测的楼房(图4-59)50 m处的楼顶,使用两台监测仪,一台用于靶标的高精度观测,另外一台用于环境变化的改正值计算。

靶标设定专门的二维码图案,大小为30 cm×30 cm,总共安装两块,使用带背胶的防水二维码贴纸和泡沫板制成,固定于楼顶金属架上(图4-60)。

图4-58　监测设备　　　图4-59　被监测建筑物　　　图4-60　靶标安装施工

3）数据传输和接收

数据的传输采用4G网络,图像采集频率为每10分钟1张。

4）数据处理和监测

实时动态沉降量通过水平方向和垂直方向的变形量显示,既可以按照每天的变形情况显示(图4-61),也可以按照每小时的变形量显示(图4-62)。

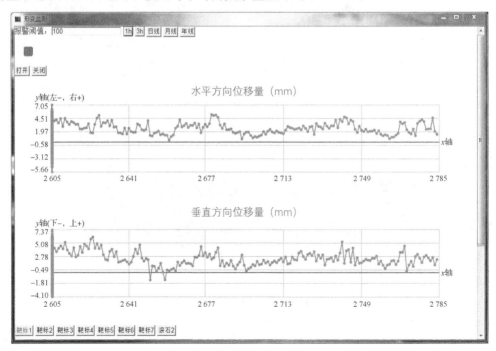

图4-61　实时动态沉降曲线(日线)

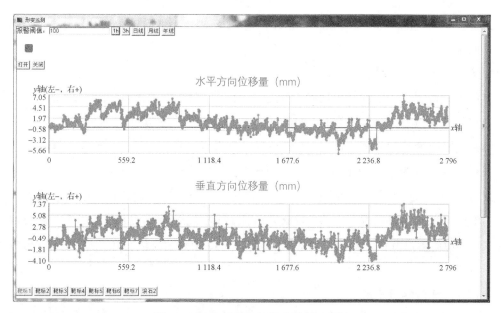

图 4-62 实时动态沉降曲线(小时线)

4.6 近景摄影测量在桥梁形变和动态挠度监测中的应用

1. 桥梁监测的意义

现代化的道路建设、发展正处于一个非常关键的阶段。桥梁是道路的核心组成部分,对于交通发展会产生特别大的影响。通过对桥梁健康进行监测,能够实时掌握桥梁的各项数据、信息等,为相关的工作决策提供可靠的依据。但是,桥梁的监测还存在一些问题,必须在未来通过科学的方法进行处理。

2. 桥梁监测方法介绍及其特点分析

1)传统监测方法

(1)常规大地测量法

常规大地测量法是进行形变监测的传统方法,多采用经纬仪、测距仪、水准仪、全站仪等常规测量设备通过测角、边、水准等方法来测定被测物的形变量。该类方法具有理论和方法成熟、观测数据可靠、费用相对较低等优点,在保证工程正常运营方面优势明显,但存在以下缺陷:① 主要为手工采集数据,自动化测点少,自动化程度低,工作量大,观测容易受气候和其他外界条件的影响,易漏过一些重要及危险的信号;② 平面位移和垂直位移数据不能在相同的测点及相同的时间里采集;③ 对各测点的形变量测定在时间上不同步。

(2) 物理学传感器法

物理学传感器法主要是应用测力计、应变计、位移计、加速度计、重量动态测量仪、锈蚀监测仪以及风力、震动、压力、温度、湿度等传感器来进行桥梁形变观测。目前,形变测量多采用贴应变片的方法,其工作原理是基于金属丝电阻的应变效应,即金属电阻丝随着机械形变而改变,不同方向的外力作用会使金属电阻丝产生不同的形变量。应变片灵敏度高、尺寸小、质量小并且粘贴牢靠,但也存在以下缺陷:① 工作难度大,经常要在几米甚至几十米的高空进行贴片、焊线及封片等工作,不仅质量难以保证,而且工作效率不高;② 环境的温度和湿度对测量值影响比较大,有些测点的测值会产生飘移,所获数据的可信度不高。

(3) 光纤传感器技术

在桥梁健康监测中,光纤传感器利用了光纤特征参量对外界环境因素变化敏感的特性,能用来采集温度、应变(应力)、动态响应、腐蚀情况、裂缝状况以及交通情况等多种参数。光纤传感器的基本原理是通过监测光纤中的光波参数(如光强、波长、频率、相位等)随被测物理量的变化情况来检测被测的物理量。

(4) GPS 技术

相比于传统测量方法,GPS 具有大范围内精度较高的优势,利用 GPS 进行水平位移观测可获得小于 2 mm 的精度,高程的测量也可获得不大于 10 mm 的精度。利用 GPS 进行测量可以不受天气条件的限制。在桥梁形变监测中,GPS 的另一个优点是可以实时地测得监测点的三维坐标,特别是可实现多点的同步观测,受外界的影响小,数据采集方便,可实现实时、自动化的管理。GPS 技术用于桥梁监测也有许多不足之处,如采样率不够高;技术不够成熟;定位结果的精度,尤其是高程的精度不能完全达到桥梁监测的要求;获得的信息不全面,只能获得形变体外部一些离散点的位移信息;还有多路径效应的影响,这是限制 GPS 技术应用于桥梁监测的主要原因之一。除此之外,GPS 信号受障碍物的影响也较大,在靠桥塔较近的位置不适宜设置测点,这也是 GPS 技术存在的弱点之一。因此,GPS 技术不能完全代替其他的形变监测技术。

(5) 本项目研究方法的技术特点

针对当前国内外已经使用和正在使用的各种桥梁形变监测技术存在的问题,笔者团队研究出一款视频图像监测仪。该监测仪的优点是:① 观测精度高,百米之内可达到子毫米级的精度;② 观测频率可达到 25 Hz,动态监测频率可达 120 Hz;③ 数据处理分析更有深度,能通过小波分析分离出温度形变、动载形变和静态形变,比较适合桥梁安全预警的需要;④ 设备简单易用、无人值守、日夜运行、安全可靠。

2)项目研究目标和监测内容

本研究利用视频图像监测仪进行桥梁动态挠度监测,并完成饮马河大桥依托工程的试验验证。

(1)桥梁支座结构的形变监测

支座系统是连接桥梁上部结构和下部结构的传力装置(图 4 - 63),在实际使用中传递着很大的荷载,保证桥跨结构不产生形变,因此支座系统形变的监测至关重要。

图 4 - 63　监测位置选择

(2)桥梁静态挠度的形变监测

长期负载运行的桥梁会在中间横梁位置产生最大的形变位移量。通过形变监测仪长期获取观测值,分析由于老化和车辆通行造成的偏移规律。

(3)监测数据的小波分析及不良状态预警

利用小波分析方法对视频监测数据进行分析,理解各种因素的关联性及其对动态挠度解算精度的影响,并且从长期监测的统计数据中发现不良状态,提供预警信息。

(4)监测数据实时发布

将从外场传回来的实时影像通过服务器的实时数据处理和分析,最终展示给客户端,使得工作人员能够随时查询和了解桥梁形变的情况。

3. 近景桥梁挠度监测仪的研制

1)监测仪部件构成及其参数

监测仪核心中央处理器实物图及其参数分别如图 4 - 64 与表 4 - 13 所示。

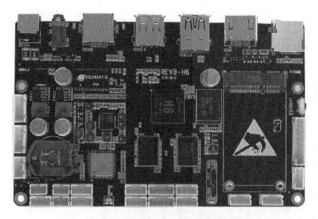

图 4-64 监测仪中央处理器实物图

表 4-13 监测仪中央处理器参数

部件	性能指标
主控	全志 H6,四核 64 位 ARM Cortex-A53,1.8 GHz 主频
GPU	Mali-T720,主频 700 MHz,支持 OpenGL ES3.0
存储	2GB DDR3,16 GB eMMC
电源	12 V 直流电源供电,DC5.5 座+4P-2.54 插座 5 V 和 3.3 V 电源输出,给外设供电 1 组 LCD 电源插座,给 EDP 屏供电
显示	HDMI 2.0,支持真 4K/60 Hz,分辨率 3 840×2 160 支持扩展 v-by-one 超高清显示接口,分辨率 4 K/60 Hz 支持扩展双 8-LVDS 全高清显示接口,分辨率 1 080 P/60 Hz 支持扩展 EDP 屏接口,分辨率 1 920×1 080/60 fps
网络	千兆以太网,RJ45 接口 全网通 4G LTE,MiniPCI-E 插座+SIM 卡座 2.4 G/5 G 双频 Wi-Fi 模块 蓝牙 BT4.2,支持 BLE
RTC	高精度 RTC 芯片,PCF8563+CR2032 电池座
USB ID	2P-2.54 插针,用于切换 USB 2.0 的 Device 和 Host 模式
千兆以太网	沉板式 RJ45 座,集成 RTL8211E 千兆 MAC 芯片
USB 2.0	用于烧录固件,ADB 调试,兼容 Device/Host 模式,速率 480 Mb/s
耳机座	3.5 mm 贴片耳机座,立体声输出

部件	性能指标
USB 3.0	超高速 5Gb/s,用于连接移动硬盘、HDMI 直播盒
HDMI 2.0	支持 4K/60fps 显示,可用于扩展 EDP 屏、LVDS 屏、VBO 屏等
TF 卡座	SIM 卡座(背面)
4G 模块插座	扩展存储,支持 64 G 容量的 TF 卡
标准 SIM(大卡)	支持移动/联通/电信手机卡、流量卡、物联网卡
MiniPCI-E 插座	支持广和通 NL660 全网通 4G 模块
10P-2.0 插座	用于给 LCD 屏供电,提供一组 USB 触摸屏接口
1 组 IIC	1 个复位脚,1 个中断脚

2)光机系统研制

可调变焦工业镜头如图 4-65 所示。镜头参数如表 4-14
所示。

图 4-65 变焦工业镜头

表 4-14 变焦工业镜头参数

型号	SVD12120-3M
分辨率	300 万像素
IR	校正
CMOS 尺寸	$1/1.8''$
焦距范围	12~120 mm
最大光圈	F1.8 DC iris
视场角	$1/1.8''$,39.6×2.85

桥梁形变监测仪的内部结构和测试如图 4-66 所示。

（a）监测仪内部结构

（b）室内环境测试

图 4-66 监测仪内部结构和测试

3）数据处理和小波分析

对于二维图像信号,可以用分别在水平和垂直方向进行滤波的方法实现二维小波多分辨率分解。图4-67为经过二维离散小波变换的分解后子图像的划分。其中:

（1）LL子带是在两个方向利用低通小波滤波器卷积后产生的小波系数,它是图像的近似表示。

（2）HL子带是在行方向利用低通小波滤波器卷积后,再用高通小波滤波器在列方向卷积而产生的小波系数,它表示图像的水平方向奇异特性。（水平子带）

（3）LH子带是在行方向利用高通小波滤波器卷积后,再用低通小波滤波器在列方向卷积而产生的小波系数,它表示图像的垂直方向奇异特性。（垂直子带）

（4）HH子带是在两个方向利用高通小波滤波器卷积后产生的小波系数,它表示图像的对角边缘特性。（对角子带）

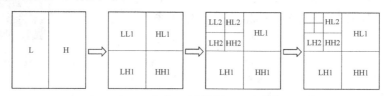

图4-67　图像的多分辨率分解结构图

桥梁由于温度变化和震动等引起的形变属于噪声信息,把包含这些噪声信息的实际图像变换到小波函数空间,然后滤除噪声信息并重构后得到真实的桥梁形变信号。利用小波变换模极大值原理去噪,即根据信号和噪声在小波变换各尺度上的不同传播特性,剔除由噪声产生的模极大值点,保留信号所对应的模极大值点,然后利用所余模极大值点重构小波系数,进而恢复信号,流程如图4-68所示。

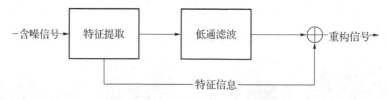

图4-68　小波去噪信号重构结构图

4）软件研发

服务器端数据分析软件基于Visual C++ 2010/OpenCV 3.2.0环境底层开发,主要实现数据接收、自动数据分析、服务器端形变超限报警等功能。前端数据采集设备采用了Android 7.0嵌入式开发,具有远程访问、可调采集频率、报警控制等功能。

4. 桥梁监测项目实施

长春市饮马河大桥位于 S101 省道上,2010 年建成通车,桥梁档案中心桩号为 K26＋597,桥面净宽 10.0 m,左右两侧设置 0.5 m 的护栏,未设置人行道,下穿饮马河支流,桥下净空 10.5 m。跨径组合为 9×20.0 m,桥梁全长 187.0 m。设计荷载采用公路-Ⅰ级。上部结构采用简支 T 梁,单幅横向 6 片梁,主梁之间采用湿接缝连接,设置板式橡胶支座。桥墩采用双柱式,基础采用桩基础。桥台采用埋置式桥台,河床无铺砌。桥面采用沥青混凝土铺装。全桥共 3 道模数支承式伸缩缝,护栏采用波形梁护栏。本项目在饮马河大桥总共安装 5 台设备,其中 1、2、3、4 号相机监测一跨中心盖板处长期形变情况,5 号相机监测支撑垫的劳损变形。相机安装采用了 1 号和 2 号相机对视监测,3 号和 4 号相机对视监测,可起到互相检校的作用。

1）设备安装

设备的安装和安装后的效果分别如图 4-69 和图 4-70 所示。

图 4-69　监测仪安装　　　　　　　　　图 4-70　监测仪安装后效果

2）设备调试

外业桥梁形变监测设备以及供电、防护设施安装完成后,需要通电并打开 4G 网络与内业服务器进行联调,确保整个系统顺利运行(图 4-71)。

图 4-71　设备调试

3）桥梁静态挠度数据处理结果

桥梁的形变数据（部分数据）格式如表 4-15 所示。

表 4-15　桥梁形变监测

序号	桥梁形变量		序号	桥梁形变量	
	垂直形变/mm	水平形变/mm		垂直形变/mm	水平形变/mm
1	0.332	0.030	22	0.292	0.216
2	0.543	−0.015	23	0.174	0.235
3	0.315	0.008	24	0.357	0.222
4	0.635	−0.000	25	0.200	0.226
5	0.124	0.032	26	0.105	0.207
6	0.698	0.040	27	0.183	0.196
7	0.906	0.030	28	0.204	0.247
8	0.479	−0.052	29	0.233	0.237
9	0.764	−0.007	30	0.299	0.335
10	0.699	−0.035	31	0.209	0.307
11	0.366	−0.054	32	0.127	0.364
12	0.635	−0.045	33	0.255	0.291
13	0.489	0.018	34	0.354	0.239
14	0.039	0.246	35	0.313	0.254
15	0.231	0.303	36	0.412	0.353
16	0.037	−0.088	37	0.355	0.288
17	0.042	0.263	38	0.398	0.338
18	0.087	0.285	39	0.471	0.333
19	0.079	0.347	40	0.080	0.180
20	0.173	0.163	41	0.449	0.269
21	0.135	0.162	…	…	…

服务器数据实时接收和监测界面如图4-72所示。

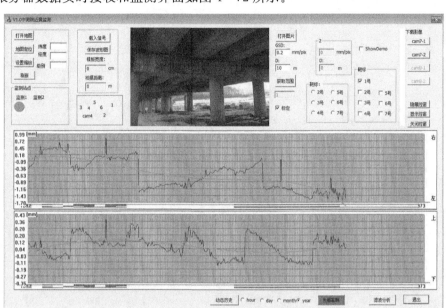

图4-72 服务器数据实时接收和监测界面(单位:mm)

4) 5台相机监测到的桥梁静态挠度变化量

1号相机监测到的挠度变化曲线如图4-73所示。

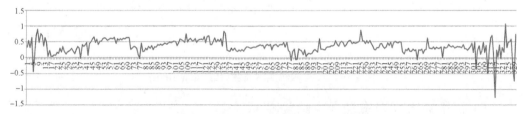

图4-73 1号相机实时监测曲线(单位:mm)

2号相机监测到的挠度变化曲线如图4-74所示。

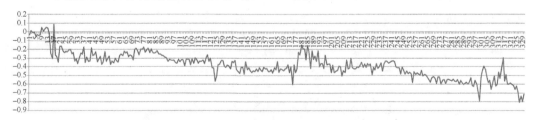

图4-74 2号相机实时监测曲线(单位:mm)

3 号相机监测到的挠度变化曲线如图 4 - 75 所示。

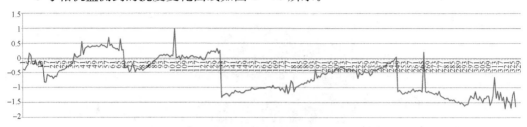

图 4 - 75　3 号相机实时监测曲线(单位:mm)

4 号相机监测到的挠度变化曲线如图 4 - 76 所示。

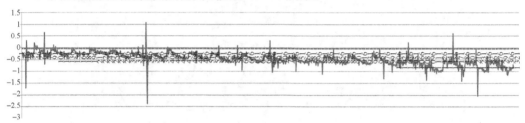

图 4 - 76　4 号相机实时监测曲线(单位:mm)

5 号相机监测到的挠度变化曲线如图 4 - 77 所示。

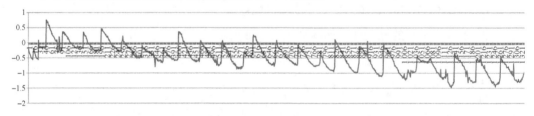

图 4 - 77　5 号相机实时监测曲线(单位:mm)

5) 桥梁的重载动态挠度实时监测

桥梁两端固定,梁中间所受荷载为 P,杆件长度为 L,杆件弹性模量为 E,杆件截面惯性矩为 I,最大挠度变形量为 f_{max},则 f_{max} 的计算公式如式(4 - 19)所示。动态挠度示意图如图 4 - 78 所示。

$$f_{max} = \frac{Pl^3}{192EI} \tag{4 - 19}$$

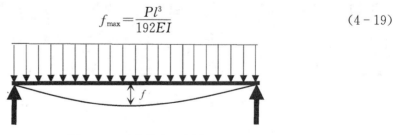

图 4 - 78　动态挠度示意图

调整 5 号相机的视频采集频率至 120 Hz,实时监测桥梁动态挠度,得到的动态挠度变化曲线如图 4 - 79 所示。

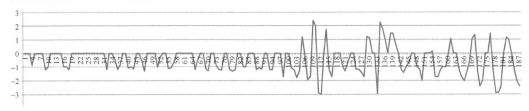

图 4 - 79　桥梁动态挠度变化曲线(单位:mm)

目前桥梁动态挠度测试技术缺乏比较科学便捷的手段,鉴于此,笔者团队开展了动态挠度图像识别测试技术相关研究。研究表明,利用相机采集目标部位不同时间的图像,经计算机处理分析后即可得到挠度变化数据。该项成果可为道路桥梁管理部门提供桥梁挠度的常规性检测和监测。

5. 桥梁近景监测效果分析

开展桥梁地质沉陷和整体结构监测应用研究意义重大:便于桥梁管理部门对桥梁进行实时监测,可以为桥梁工程的运行维护、灾害防治和风险管理提供依据,使桥梁管理部门做到提前预防,科学治理,确保桥梁安全运行,最大限度地减少地质灾害对桥梁运行安全的威胁,推动桥梁管理部门防灾减灾工作的推进。

本项目的成功实施实现了对地质沉陷形变(例如桥墩沉陷)高达亚毫米量级精度的日夜持续监测,以及对桥梁主体结构过车荷载和温度影响的动态形变视频监测,并且以此高精度和高信息率数据为基础,实现了对桥梁长期运行健康状态的分析和险情预警。

在安装的 5 台监测仪中,4 台用于监测饮马河大桥一跨的静态挠度。从 2020 年 12 月 8 日安装到 2021 年 8 月 23 日,9 个多月的时间里,各台相机由于监测桥梁的位置不同,监测得到的变化量也不尽相同:1 号相机监测到桥梁中间下降幅度为 0.1 mm,2 号相机监测到桥梁中间下降幅度为 -0.7 mm,3 号相机监测到中间桥梁下降幅度为 -1.5 mm,4 号相机监测到中间桥梁下降幅度为 -1.1 mm,5 号相机监测到中间桥梁下降幅度为 -0.4 mm。同时 5 号相机监测到过载车辆动态实时震动幅度最大值达到 ±3 mm。

从实验数据来看,对应桥梁形变量监测的精度可以达到 0.1 mm 精度要求,同时观测到桥梁板和桥墩的支撑垫变化为 0.1 mm,几乎没有变化。通过此项新技术,可以提升桥梁运行管理的信息化、智能化水平,提高交通运行的安全保证能力。

参考文献

[1] Fong C K, Cham W K. 3D object reconstruction from single distorted line drawing image using vanishing points[C] //Proceedings of 2005 International Symposium on Intelligent Signal Processing and Communication Systems. Hong Kong, China. IEEE, 2006: 53 - 56.

[2] Fraser C. Some thoughts on the emergence of digital close range photogrammetry[J]. Photogrammetric Record, 1998, 16: 37 - 50.

[3] Galantucci L M, Pesce M, Lavecchia F. A powerful scanning methodology for 3D measurements of small parts with complex surfaces and sub millimeter-sized features, based on close range photogrammetry[J]. Precision Engineering, 2016, 43: 211 - 219.

[4] Gerke M, Kerle N. Automatic structural seismic damage assessment with airborne oblique pictometry imagery [J]. Photogrammetric Engineering & Remote Sensing, 2011, 77(9): 885 - 898

[5] Guillou E, Meneveaux D, Maisel E, et al. Using vanishing points for camera calibration and coarse 3D reconstruction from a single image[J]. The Visual Computer, 2000, 16(7): 396 - 410.

[6] Guo Y X, Zhang D S, Fu J J, et al. Development and operation of a fiber Bragg grating based online monitoring strategy for slope deformation[J]. Sensor Review, 2015, 35(4): 348 - 356.

[7] Hartley R I. Euclidean reconstruction from uncalibrated views[C] //Proceedings of Applications of Invariance in Computer Vision. Ponta Delgada, Azores, Portugal. Berling, Germany: Spring-Verlag, 1994: 235 - 256.

[8] Hirschmuller H. Accurate and efficient stereo processing by semi-global

matching and mutual information[C] //Proceedings of 2005 IEEE Computer Society Conference on Computer Vision and Pattern Recognition. San Diego, CA, USA. IEEE, 2005:807 - 814.

[9] Jiang R N, Jáuregui D V, White K R. Close-range photogrammetry applications in bridge measurement: Literature review[J]. Measurement, 2008, 41(8):823 - 834.

[10] Karras G, Mavrommati D. Simple calibration techniques for non-metric cameras[J]. Journal of Cell Biology, 2001, 160(2):171 - 175.

[11] Lenz R, Tsai R. Techniques for calibration of the scale factor and image center for high accuracy 3D machine vision metrology [C]//Proceedings of 1987 IEEE International Conference on Robotics and Automation. Raleigh, NC, USA. IEEE, 2003:68 - 75.

[12] Li W D, Lin N, Chen X. Research on 3D tunnel modeling based on close-range photogrammetry[J]. Advanced Materials Research, 2014, 1073 - 1076:1934 - 1940.

[13] Luong Q T, Faugeras O. Self-calibration of a moving camera from point correspondences and fundamental matrices [J]. International Journal of Computer Vision, 1997, 22(3):261 - 289.

[14] Maybank S J, Faugeras O D. A theory of self-calibration of a moving camera [J]. International Journal of Computer Vision, 1992, 8(2):123 - 151.

[15] Mayr A, Rutzinger M, Bremer M, et al. Object-based classification of terrestrial laser scanning point clouds for landslide monitoring[J]. The Photogrammetric Record, 2017, 32(160):377 - 397.

[16] Mendez A, Morse T F, Mendez F. Applications of embedded optical fiber sensors in reinforced concrete buildings and structures[C] //Proceedings of SPIE: fiber optic smart structures and skins II. SPIE:1990, 1170:60 - 69.

[17] More J J. The Levenberg-Marquardt algorithm: Implementation and theory [J]. Lecture Notes in Mathematics, 1977, 630:105 - 116.

[18] Nyaruhuma A P, Gerke M, Vosselman G. Evidence of walls in oblique images for automatic verification of buildings[C]//Paparoditis N, Pierrot-Deseilligny M, Mallet C, et al. IAPRS, Vol. XXXVIII, Part 3A. Saint-Mandé, France: ISPRS, 2010:263 - 268.

[19] Petie G. Systematic oblique aerial photography using multiple digital frame cameras[J]. Photogrammetric Engineering and Remote Sensing, 2009, 75(2): 102 -

107.

　　[20] Singh R, Chapman D P, Atkinson K B. Digital photogrammetry based automatic measurement of sandstone roof of a mine[J]. Journal of the Indian Society of Remote Sensing, 1997, 25(1): 47 - 59.

　　[21] Stilla U, Kolecki J, Hoegner L. Texture mapping of 3d building models with oblique direct geo-referenced airborne IR image sequences[C] //ISPRS Workshop: High-resolution earth imaging for geospatial information. Hannover, Germany. ISPRS, 2009: 171 - 176.

　　[22] Wang L, Seko I, Nishie S, et al. Prefailure deformation monitoring of landslide and slope by using tilt sensors[J]. Japanese Geotechnical Society Special Publication, 2016, 2(28): 1021 - 1024.

　　[23] Wei G Q, Ma S D. A complete two-plane camera calibration method and experimental comparisons[C] //Proceedings of the 4th International Conference on Computer Vision. Berlin, Germany. IEEE, 1993: 439 - 446.

　　[24] Weith-Glushko S. Automatic tie-point generation for oblique aerial imagery: an algorithm[D]. Rochester: Rochester Institute of Technology, 2014.

　　[25] Wen J, Schweitzer G. Hybrid calibration of CCD cameras using artificial neural nets [C] //Proceedings of 1991 IEEE International Joint Conference on Neural Networks. Singapore. IEEE, 2019: 337 - 342.

　　[26] Weng J, Cohen P, Herniou M. Camera calibration with distortion models and accuracy evaluation[J]. IEEE Transactions on Pattern Analysis and Machine Intelligence, 1992, 14(10): 965 - 980.

　　[27] Wu Z S, Takahashi T, Sudo K. An experimental investigation on continuous strain and crack monitoring with fiber optic sensors[J]. Concrete Research and Technology, 2002, 13(2): 139 - 148.

　　[28] Xu W L, Liu Z, Nie H Y. The algorithm of measuring in close-range photogrammetry based on grid[C] //Proceedings of the 2012 2nd International Conference on Computer and Information Applications (ICCIA 2012). Taiyuan, China. Paris, France: Atlantis Press, 2012: 1431 - 1433.

　　[29] Ye J, Fu G K, Poudel U P. Edge-based close-range digital photogrammetry for structural deformation measurement[J]. Journal of Engineering Mechanics, 2011, 137(7): 475 - 483.

[30] Yeu Y, Kim Y S, Kim D. Development of safe and reliable real-time remote pile penetration and rebound measurement system using close-range photogrammetry [J]. InternationalJournal of Civil Engineering, 2016, 14(7): 439 - 450.

[31] Zhang D B, Zhang Y, Cheng T, et al. Measurement of displacement for open pit to underground mining transition using digital photogrammetry[J]. Measurement, 2017, 109: 187 - 199.

[32] Zhang Q Q, Dong M L, Sun P, et al. Automatic matching based on dynamic threshold in close-range photogrammetry[J]. Advanced Materials Research, 2011, 418 - 420: 1973 - 1979.

[33] Zhang Z. A flexible new technique for camera calibration[J]. IEEE Transactions on Pattern Analysis and Machine Intelligence, 2000, 22(11): 1330 - 1334.

[34] 陈建华, 张雷, 阮善发. 非量测相机同步摄影控制器[J]. 南京工业大学学报(自然科学版), 2003, 25(5): 92 - 94.

[35] 陈明建. 基于 Lensphoto 的边坡变形监测试验研究[J]. 测绘, 2015, 38(3): 109 - 111.

[36] 程刚, 施斌, 卢毅, 等. 一种基坑锚杆(索)分布式检测方法[J]. 水文地质工程地质, 2016, 43(4): 89 - 95.

[37] 程效军, 胡敏捷. 数字相机的检校[J]. 铁路航测, 2001, 27(4): 12 - 14.

[38] 程效军, 罗武. 基于非量测数字相机的近景摄影测量[J]. 铁路航测, 2002(1): 9 - 11.

[39] 程效军, 杨世渝. 应用近景摄影测量检测大型工业设备变形[J]. 同济大学学报(自然科学版), 2002, 30(11): 1346 - 1349.

[40] 崔莉娟, 朱洪俊, 王明盛, 等. 双目立体摄影测量中的标定方法[J]. 机械, 2010, 37(12): 24 - 27.

[41] 单杰. 立体视觉的摄影测量理论[J]. 武汉测绘科技大学学报, 1998, 23(4): 377 - 382.

[42] 樊飞, 李达, 王维玉, 等. 光纤传感器在深基坑监测中的应用[J]. 华北地震科学, 2015, 33(S1): 48 - 51.

[43] 冯文灏, 樊启斌, 李欣. 基于激光经纬仪的结构光摄影测量原理探讨[J]. 测绘学报, 1995, 24(1): 71 - 76.

[44] 冯文灏. 共线条件方程式教学中的几个问题[J]. 测绘信息与工程, 2003, 28(2): 34 - 35.

[45] 冯文灏.关于发展我国高精度工业摄影测量的几个问题[J].测绘学报,1994,23
(2):120-126.

[46] 冯文灏.关于近景摄影机检校的几个问题[J].测绘通报,2000(10):1-3.

[47] 冯文灏.近景摄影测量:物体外形与运动状态的摄影法测定[M].武汉:武汉大
学出版社,2002.

[48] 冯文灏.近景摄影测量的基本技术提要[J].测绘科学,2000,25(4):26-30.

[49] 冯文灏.近景摄影测量的控制[J].武汉测绘科技大学学报,2000,25(5):
453-458.

[50] 冯文灏.立体视觉系统检校中引入制约条件的推演[J].武汉大学学报,1994,19
(2):95-100.

[51] 冯文灏.数码相机实施摄像测量的几个问题[J].测绘信息与工程,2002,27(3):
3-5.

[52] 高凯.高速视频测量技术及在水箱液面高度监测的应用[D].北京:北京建筑大
学,2020.

[53] 顾秋恺.非量测数码相机镜头场地标定研究[D].阜新:辽宁工程技术大
学,2016.

[54] 韩玉林,马雪琴,李香莉.深基坑变形监测研究[J].测绘与空间地理信息,2013,
36(6):194-195.

[55] 何敏.基于多像灭点的非量测型相机检校方法的研究[D].西安:西安科技大
学,2011.

[56] 贺跃光,王秀美,曾卓乔.数字化近景摄影测量系统及其应用[J].矿冶工程,
2001,21(4):1-3.

[57] 侯雨石,陈永飞,何玉青,张忠廉.数码相机原理与系统设计研究[J].光学技术,
2002,28(5):452-454.

[58] 胡文颂.SPS-2软拷贝摄影测量系统[J].测绘科技,1997(4):8.

[59] 黄桂平.数字近景工业摄影测量关键技术研究与应用[D].天津:天津大
学,2005.

[60] 江胜华,周智,欧进萍.基于磁场梯度定位的边坡变形监测原理[J].岩土工程学
报,2012,34(10):1944-1949.

[61] 江延川.摄影测量高程观测之偶然误差的测定[J].测绘科学技术学报,1986
(1):72-86.

[62] 柯涛,张祖勋,张剑清.旋转多基线数字近景摄影测量[J].武汉大学学报(信息

科学版),2009,34(1):44-47.

[63] 寇新建,宋计棉.数字化摄影测量及其工程应用[J].大坝观测与土工测试,2001(1):33-35.

[64] 李博,王孝通,徐晓刚,等.摄像机线性三步定标方法研究[J].中国图象图形学报,2006,11(7):928-932.

[65] 李德仁,周月琴,金为铣.摄影测量与遥感概论[M].北京:测绘出版社,2001:32-48.

[66] 李海启.非量测型数码相机近景摄影测量的精度研究[D].焦作:河南理工大学,2009.

[67] 李振涛,许妙忠.数字近景摄影测量在古建筑物重建中的应用研究[J].测绘信息与工程,2007,32(4):8-9.

[68] 梁晓娜.近景摄影测量在边坡变形监测中的研究[D].长春:吉林建筑大学,2015.

[69] 林宗坚,崔红霞,孙杰,等.数码相机的畸变差检测研究[J].武汉大学学报(信息科学版),2005,30(2):122-125.

[70] 刘昌军,刘会玲,张顺福.基于激光点云直接比较算法的边坡变形监测技术研究[J].岩石力学与工程学报,2015,34(S1):3281-3288.

[71] 刘朝辉,田峰.近景摄影测量在边坡变形监测中的应用[J].科技创新与应用,2016(9):300.

[72] 刘东.基于机器视觉的隧道衬砌裂缝分析与检测[J].新型工业化,2020,10(5):78-79.

[73] 刘琼琼.非量测相机近景摄影测量在桥梁线形监测上的研究与应用[D].成都:西南交通大学,2016.

[74] 刘志奇.序列影像近景摄影测量模拟排土场位移监测实验研究[D].焦作:河南理工大学,2018.

[75] 卢立吉.非量测相机标定的室外控制场设计与建立[D].长春:吉林大学,2017.

[76] 毛亚萍.近景摄影测量技术在滑坡监测中的运用[J].科技风,2014(7):57.

[77] 梅健.数字近景摄影测量多样本容量基坑变形监测方法研究[D].成都:西南石油大学,2018.

[78] 孟丽媛,邹进贵,刘国建.近景摄影测量沉降标志设计与自动识别算法研究[J].测绘通报,2018(S1):101-104.

[79] 缪志选,李祖锋,巨天力,等.多基线数字近景摄影测量系统测图作业方法探索

[J]. 西北水电,2010(4):21-23.

[80] 倪宇智,曾卓乔,朱建军,等.基于Windows3.x平台的数字化近景摄影测量系统[J].中南工业大学学报,1998(6):527-530.

[81] 庞伟军,邓清禄,熊建,等.基于BOTDA的光纤传感技术在边坡变形监测中的应用研究[J].安全与环境工程,2012,19(6):28-33.

[82] 邱爱军,郑明媚,白玮,等.中国快速城镇化过程中的问题及其消解[J].工程研究:跨学科视野中的工程,2011,3(3):211-221.

[83] 邵双运.光学三维测量技术与应用[J].现代仪器,2008,14(3):10-13.

[84] 石克勤,张奇,刘佳莹,等.数字近景在三维重建及变形监测中的应用[J].电力勘测设计,2017(S1):95-99.

[85] 舒娜.摄像机标定方法的研究[D].南京:南京理工大学,2014.

[86] 隋海波,施斌,张丹,等.基坑工程BOTDR分布式光纤监测技术研究[J].防灾减灾工程学报,2008,28(2):184-191.

[87] 孙华芬.尖山磷矿边坡监测及预测预报研究[D].昆明:昆明理工大学,2014.

[88] 汪磊.数字近景摄影测量技术的理论研究与实践[D].郑州:中国人民解放军信息工程大学,2002.

[89] 汪天伟.带制约条件的直接线性变换法应用研究[D].合肥:合肥工业大学,2018.

[90] 王建民.矿山边坡变形监测数据的高斯过程智能分析与预测[D].太原:太原理工大学,2016.

[91] 王金玲,崔建军.非量测相机获取特殊目标影像的解析模型建立[J].测绘科学,2006,31(2):49-51.

[92] 王雷,冯学智,刘刚.敦煌壁画表面恢复的参数分析[J].中国图象图形学报,2001,6(10):1026-1029.

[93] 王曙光.深基坑支护事故处理经验录[M].北京:机械工业出版社,2005.

[94] 王秀美,贺跃光,曾卓乔.数字化近景摄影测量系统在滑坡监测中的应用[J].测绘通报,2002(2):28-30.

[95] 吴笛.非量测相机近景摄影测量工程应用的可行性研究[D].西安:西安科技大学,2010.

[96] 吴昊.基于少量编码标志点的单相机摄影测量方法研究[D].上海:上海交通大学,2018.

[97] 吴华平.基坑变形监测方法及误差分析[J].建筑安全,2008,23(9):32-34.

[98] 吴荣华,陈景平,詹志文. 浅论基于非量测相机的近景摄影技术[J]. 江西测绘, 2011(3):2,4.

[99] 吴亚娜. 近景摄影测量在边坡形变监测中的应用研究[D]. 昆明:昆明理工大学,2017.

[100] 项小伟. 近景摄影辅助倾斜摄影的影像匹配及三维建模研究[D]. 太原:太原理工大学,2019.

[101] 徐贺. 近景摄影测量技术与三维激光扫描技术在隧道变形监测中的应用研究[D]. 长春:吉林建筑大学,2016.

[102] 许晓明. GPS技术在边坡变形监测中的应用及其数据处理研究[D]. 赣州:江西理工大学,2012.

[103] 续玉倩. 数字近景摄影测量在钢桁架节点试验中的研究与应用[D]. 邯郸:河北工程大学,2018.

[104] 薛丽影,杨文生,李荣年. 深基坑工程事故原因的分析与探讨[J]. 岩土工程学报,2013,35(S1):468 - 473.

[105] 闫帆. 矿山高边坡变形动态监测及稳定性预测[D]. 唐山:河北联合大学,2014.

[106] 杨丽. 非量测相机标定技术研究与系统实现[D]. 成都:西南石油大学,2017.

[107] 杨松勇. 近景摄影测量技术在露天矿边坡变形监测中的研究[D]. 赣州:江西理工大学,2019.

[108] 杨文环. 结合空三与SFM的近景摄影测量点云获取研究[D]. 徐州:中国矿业大学,2016.

[109] 于承新,徐芳,黄桂兰,等. 近景摄影测量在钢结构变形监测中的应用[J]. 山东建筑工程学院学报,2000(4):1 - 7.

[110] 余志鹏. 基于双相机系统的船载一体化测量系统外参数快速标定技术研究[D]. 青岛:山东科技大学,2020.

[111] 袁振华. 深基坑事故统计分析[J]. 国防交通工程与技术,2015,13(S1):181 - 182.

[112] 宰春旭. 基于多种摄影方式的精细化三维模型构建方法研究[D]. 昆明:昆明理工大学,2021.

[113] 张国良,曾静. 组合导航原理与技术[M]. 西安:西安交通大学出版社,2008:43 - 45.

[114] 张剑清,潘励,土树根. 摄影测量学[M]. 武汉:武汉大学出版社,2003:24 - 36.

[115] 张末. 基于近景摄影测量的边坡位移监测技术研究[D]. 南京:南京理工大学,2020.

[116] 张强. 低空无人直升机航空摄影系统的设计与实现[D]. 郑州:解放军信息工程大学,2007.

[117] 张强. 小型测绘无人机遥感系统关键技术的研究[D]. 郑州:解放军信息工程大学,2014.

[118] 张永军,张祖勋,张剑清. 利用二维DLT及光束法平差进行数字摄像机标定[J]. 武汉大学学报(信息科学版),2002,27(6):566-571.

[119] 张祖勋,杨生春,张剑清,等. 多基线—数字近景摄影测量[J]. 地理空间信息,2007,5(1):1-4.

[120] 张祖勋,张剑清. 数字摄影测量学的发展及应用[J]. 测绘通报,1997(6):11-16.

[121] 赵文峰,王斌,关泽群. 多基线近景摄影测量在边坡位移监测中的应用研究[J]. 工程勘察,2014,42(5):68-71.

[122] 郑刚,焦莹. 深基坑工程设计理论及工程应用[M]. 北京:中国建筑工业出版社,2010.

[123] 郑慧. 近景摄影测量中人工标志点及其定位方法综述[J]. 地理空间信息,2009,7(6):30-33.

[124] 中华人民共和国住房和城乡建设部,国家质量监督检验检疫总局. 建筑基坑工程监测技术规范:GB 50497—2009[S]. 北京:中国计划出版社,2009.

[125] 钟强. 基于近景摄影测量技术的矿区边坡变形监测及应用[D]. 赣州:江西理工大学,2012.

[126] 周海平. 近景摄影测量在公路边坡监测中的应用[J]. 现代矿业,2010,26(8):55-56.

[127] 周海平. 露天矿边坡近景摄影测量监测技术研究[J]. 露天采矿技术,2010,25(5):45-47.

[128] 朱郭勤. 普通数码相机在隧道变形监测中的应用研究[D]. 成都:西南交通大学,2012.

[129] 朱惠萍,黄全义. 基于普通数码相机的核线相关方法[J]. 测绘信息与工程,2002,27(6):29-30.